GUDRUN DEMMIG

KOMPLEXE ZAHLEN

ERSTER TEIL

5. Auflage

REPETITORIUM

MIT 50 AUFGABEN UND 20 ABBILDUNGEN

demmig verlag KG

Die Deutsche Bibliothek – CIP-Einheitsaufnahme

Demmig, Gudrun:
Komplexe Zahlen: Repetitorium/Gudrun Demmig.
Nauheim: Demmig
(Demmig-Bücher zum Lernen und Repetieren:
Mathematik: Repetitorien)

Teil 1. – 5. Aufl. – 1995
ISBN 3-921092-73-6

EINTEILUNG

Kapitel I. **Algebra im Komplexen**

I.1. Einleitung

Der Zahlbegriff geht aus von den natürlichen Zahlen 1, 2, 3, ..., die dem Vorgang des Abzählens entstammen. Den praktischen Erfordernissen entsprechend hat man eine Addition der natürlichen Zahlen erklärt. Doch bereits die Umkehrung der Additionsaufgabe, zu einer bekannten Zahl a eine weitere hinzuzubestimmen, sodaß die Summe eine zweite bekannte Zahl b ergibt,

$$a + x = b ,$$

hat keine natürliche Zahl x zur Lösung, sofern $b \leq a$ ist. Es war daher nötig, die natürlichen Zahlen zur Menge der ganzen Zahlen zu erweitern. Einen Hinweis auf die Unvollständigkeit der ganzen Zahlen liefert die Umkehrung der Multiplikationsaufgabe

$$a \cdot x = b ,$$

wobei der zweite Faktor so zu bestimmen ist, daß das Produkt gerade die Zahl b ergibt, die im allgemeinen keine ganze Zahl x als Lösung besitzt. Dies führte dazu, die ganzen Zahlen in die umfassendere Menge der rationalen Zahlen einzubetten, die aus allen Brüchen mit ganzzahligem Zähler und Nenner besteht. Jedoch führt das „Wurzelziehen", die Umkehrung des Potenzierens, aus dem rationalen Zahlbereich heraus. Man erweiterte ihn daher zur Menge der reellen Zahlen. Nun erkennt man aber, daß auch die reellen Zahlen kein abgeschlossenes algebraisches Zahlensystem bilden, denn die einfache quadratische Gleichung

$$x^2 + 1 = 0$$

hat bereits keine reelle Zahl x zur Lösung.

Man bezeichnet die beiden nichtreellen Lösungen dieser Gleichung, die sich nur im Vorzeichen unterscheiden, mit i und $-i$ und nennt i die imaginäre Einheit (siehe I. 2.). Alle Vielfachen von i nennt man imaginäre Zahlen.

Der umfassende Zahlkörper besteht aus den sämtlichen reellen und imaginären Zahlen sowie ihren algebraischen Summen. Diese Zahlen nennt man die komplexen Zahlen.

I. 2. Die Gaußsche Zahlenebene

Die reellen Zahlen lassen sich darstellen als Punkte auf der reellen Zahlengeraden[1]. Sie liegen überall auf der Zahlengeraden „dicht" d.h. in jeder (beliebig kleinen) Umgebung einer reellen Zahl liegen weitere (unendlich viele) reelle Zahlen.

Da die reellen Zahlen auf die Zahlengerade abgebildet werden können, spricht man in diesem Sinne auch von „eindimensionalen Zahlen", die komplexen Zahlen hingegen sind „zweidimensional".

Zu jedem Punkt der Gaußschen Zahlenebene (Abb. 1.) gehört genau eine komplexe Zahl. Die x-Achse der Zahlenebene, hier auch reelle Achse genannt, ist identisch mit der zuvor be-

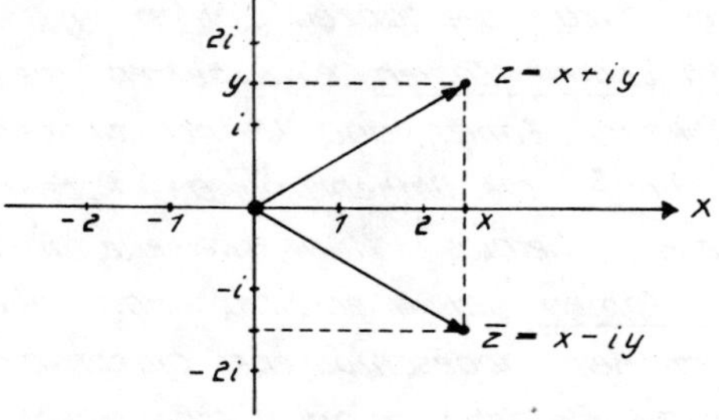

Abb. 1. Gaußsche Zahlenebene

trachteten reellen Zahlengeraden, während die y-Achse — das imaginäre Analogon — die imaginäre Achse ist, auf der die

---

[1] siehe Arithmetik und Algebra, Seite 12.

rein imaginären Zahlen angeordnet sind

Eine beliebige komplexe Zahl besteht aus einem Realteil x und einem Jmaginärteil y, wobei Real- und Jmaginärteil Abszisse bzw. Ordinate des zugehörigen Punktes in der Gaußschen Ebene sind. Geschrieben wird die komplexe Zahl als

$$\boxed{z = x + iy,} \quad \text{mit reellem } x \text{ und } y\,;$$

wobei der Jmaginärteil durch den Faktor i gekennzeichnet ist. Ebenso kann man sich vor dem Realteil die reelle Einheit, nämlich 1, geschrieben denken.

Zu jeder komplexen Zahl z erklärt man eine konjugiert komplexe Zahl $\bar{z}$, die durch Spiegelung von z an der reellen Achse hervorgeht:

$$\boxed{\bar{z} = x - iy} \quad \text{(Abb. 1)}.$$

Speziell ist die konjugiert komplexe einer rein reellen Zahl die Zahl selbst und die konjugiert komplexe einer rein imaginären Zahl die zugehörige imaginäre Zahl mit umgekehrtem Vorzeichen.

Eine reelle Zahl ist eine komplexe Zahl mit verschwindendem Jmaginärteil; eine imaginäre Zahl ist eine komplexe Zahl, deren Realteil Null ist.

Bei der komplexen Zahl Null sind Real- und Jmaginärteil Null.

Der zur Zahl z gehörige Ortsvektor [1] (siehe Abb. 1) in der Gaußschen Ebene besitzt die Komponenten x und y. Die Zuordnung von Ortsvektoren zu den komplexen Zahlen wird sich bei der Addition und Subtraktion im Komplexen als nützlich erweisen.

Für die Rechnung gute Dienste leistet auch die Polarkoordinatendarstellung [2] der komplexen Zahlen. r, der Abstand der

---

1) Ortsvektoren wurden in Vektorrechnung Kapitel I.1. eingeführt

2) Polarkoordinaten: siehe Vektorrechnung Kapitel III.1.

komplexen Zahl in der Gaußschen Ebene vom Koordinatenursprung wird der Betrag der Zahl z, geschrieben |z|, genannt. Es gilt

$$r = |z| = \sqrt{x^2 + y^2} .$$

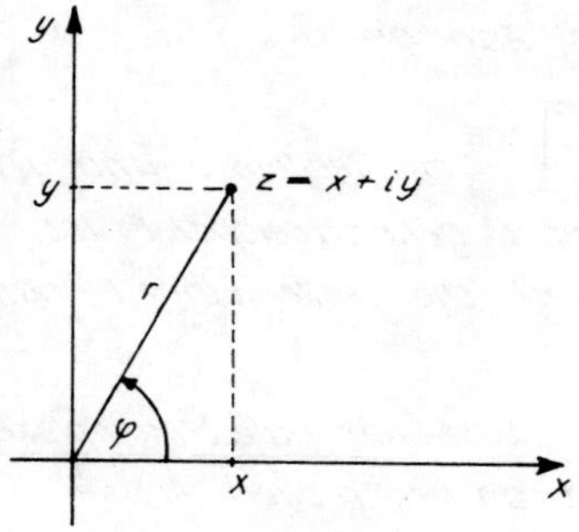

Abb. 2. Darstellung komplexer Zahlen in Polarkoordinaten.

Den Polarwinkel φ — Winkel zwischen der Richtung zum Aufpunkt z und der positiven Richtung der x-Achse — bezeichnet man als Argument von z,

$$\varphi = \arc \tan \frac{y}{x} .$$

Jn Polarkoordinaten r, φ stellt sich die Zahl $z = x + iy$ folgendermaßen dar[1]:

$$z = r \cos\varphi + ir \sin\varphi = r(\cos\varphi + i \sin\varphi) ,$$

wobei sich die Summe

$$\cos\varphi + i \sin\varphi$$

in einen für die Rechnung sehr bequemen Ausdruck zusammenfassen läßt (siehe I. 4).

Alle komplexen Zahlen, deren Betrag eins ist — $r = 1$ — liegen auf einem Kreis mit Radius 1 um den Ursprung, den man als Einheitskreis bezeichnet.

I. 3. Addition und Subtraktion

Die Addition von komplexen Zahlen ist analog definiert zur Addition der zugehörigen Ortsvektoren[2] (Abb. 3); das bedeutet, daß die Real- und Jmaginärteile der beiden zu addierenden komplexen

---

1) wegen $x = r \cos\varphi$, $y = r \sin\varphi$
2) Addition von Vektoren: Vektorrechnung Kapitel I. 6.

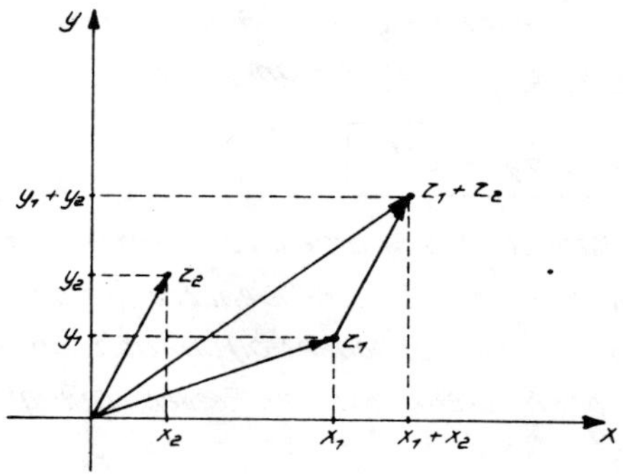

Abb. 3. Addition von komplexen Zahlen

Zahlen einzeln addiert werden; in Formeln:

$$z_1 = x_1 + iy_1 \,, \qquad z_2 = x_2 + iy_2 \,,$$

$$\boxed{z_1 + z_2 = x_1 + x_2 + i\,(y_1 + y_2).}$$

Für den Spezialfall rein reeller Zahlen z_1 und z_2 erhält man die gewohnte Addition im Reellen.

Die Addition im Komplexen ist – wie im Reellen – kommutativ und assoziativ:

$$z_1 + z_2 = z_2 + z_1$$

$$(z_1 + z_2) + z_3 = z_1 + (z_2 + z_3)$$

Dies begründet man entweder mit der Kommutativität und Assoziativität der Vektoraddition oder durch Zurückführung auf die entsprechenden Rechenregeln im Reellen.

Die Subtraktion komplexer Zahlen, die Umkehrung zur Addition, entspricht der Subtraktion der zugehörigen Ortsvektoren. Es gilt die Beziehung

$$\boxed{z_1 - z_2 = x_1 - x_2 + i\,(y_1 - y_2).}$$

I.4. Multiplikation und Division

Die Multiplikation und Division komplexer Zahlen stellt sich am einfachsten in Polarkoordinaten dar. Dafür benutzt man zweck–

mäßigerweise die komplexe Zusammenfassung der Sinus- und Cosinusfunktion, die als <u>Eulersche Formel</u> bekannt ist:

(1) $$\boxed{\cos\varphi + i\sin\varphi = e^{i\varphi}} \, .$$

Diese Identität wird erst in Kapitel II.4. hergeleitet werden, soll aber hier aus Zweckmäßigkeitsgründen bereits benutzt werden. Weiterhin wird benutzt, daß für die Exponentialfunktion im Komplexen das gleiche Additionstheorem wie im Reellen gültig ist; insbesondere gilt die Aussage:

$$e^{i\varphi_1} \cdot e^{i\varphi_2} = e^{i(\varphi_1+\varphi_2)}$$

für reelle Winkel φ_1 und φ_2.

Jede komplexe Zahl z läßt sich nach I.2. und mit obiger Formel darstellen als

$$\boxed{z = r(\cos\varphi + i\sin\varphi) = re^{i\varphi}} \, .$$

In natürlicher Weise erklärt man das Produkt zweier komplexer Zahlen folgendermaßen:

(2a) $$\boxed{z_1 \cdot z_2 = r_1 e^{i\varphi_1} \cdot r_2 e^{i\varphi_2} = r_1 \cdot r_2 \, e^{i(\varphi_1+\varphi_2)}}$$

Diese Formel läßt sich leicht anschaulich geometrisch interpretieren: Die Multiplikation einer komplexen Zahl z_1 mit einer zweiten Zahl z_2 bedeutet eine <u>Streckung</u> des Ortsvektors der Ausgangszahl um den Wert des Betrages r_2 der zweiten Zahl und eine <u>Drehung</u> des Ortsvektors um den Polarwinkel φ_2. An der Definition (2a) liest man sofort ab, daß die Multiplikation komplexer Zahlen kommutativ, assoziativ und der Addition gegenüber distributiv ist:

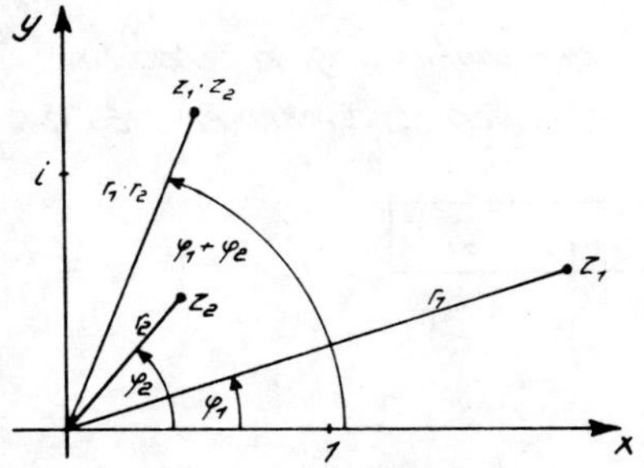

Abb. 4. Geometrische Interpretation der Multiplikation

$$z_1 \cdot z_2 = z_2 \cdot z_1 \, ,$$

$$z_1 \cdot (z_2 \cdot z_3) = (z_1 \cdot z_2) \cdot z_3 \, ,$$

$$z_1 \, (z_2 + z_3) = z_1 \cdot z_2 + z_1 \cdot z_3 \, .$$

Analog erklärt man die Division zweier komplexer Zahlen:

(3a) $$\boxed{z_1 : z_2 = r_1 e^{i\varphi_1} : r_2 e^{i\varphi_2} = \frac{r_1}{r_2} e^{i(\varphi_1 - \varphi_2)}}$$

Der Betrag des Produktes bzw. des Quotienten zweier komplexer Zahlen ist also das Produkt bzw. der Quotient ihrer Beträge:

$$|z_1 \cdot z_2| = |z_1| \cdot |z_2| , \quad \left|\frac{z_1}{z_2}\right| = \frac{|z_1|}{|z_2|} .$$

Um das Produkt zweier komplexer Zahlen in Komponentendarstellung zu erhalten, zerlegt man es in Real- und Imaginärteil, wobei man folgende Zusammenhänge zwischen Polarkoordinaten und kartesischen (x,y)-Koordinaten zu beachten hat:

$$x_1 = r_1 \cos\varphi_1 \qquad x_2 = r_2 \cos\varphi_2$$
und
$$y_1 = r_1 \sin\varphi_1 \qquad y_2 = r_2 \sin\varphi_2$$

Unter Verwendung der Additionstheoreme der Sinus- und Cosinusfunktion im Reellen erhält man:

$$e^{i(\varphi_1+\varphi_2)} = \cos(\varphi_1+\varphi_2) + i\sin(\varphi_1+\varphi_2)$$
$$= \cos\varphi_1 \cos\varphi_2 - \sin\varphi_1 \sin\varphi_2 + i(\sin\varphi_1 \cos\varphi_2 + \sin\varphi_2 \cos\varphi_1) .$$

Damit folgt

$$z_1 \cdot z_2 = r_1 \cdot r_2 \{\cos\varphi_1 \cos\varphi_2 - \sin\varphi_1 \sin\varphi_2 + i(\sin\varphi_1 \cos\varphi_2 + \sin\varphi_2 \cos\varphi_1)\}$$
$$= r_1\cos\varphi_1 \cdot r_2\cos\varphi_2 - r_1\sin\varphi_1 \cdot r_2\sin\varphi_2 + i(r_1\sin\varphi_1 \cdot r_2\cos\varphi_2 + r_1\cos\varphi_1 \cdot r_2\sin\varphi_2)$$
$$= x_1 \cdot x_2 - y_1 \cdot y_2 + i(y_1 x_2 + x_1 y_2) .$$

Das bedeutet, daß man das Produkt zweier komplexer Zahlen mit dem oben dargestellten geometrischen Inhalt auch durch formales Ausmultiplizieren der Real- und Imaginärteile erhält, wobei man nur beachten muß, daß

$$\boxed{i^2 = -1}$$

ist. Das folgt aber sofort auf Grund der geometrischen Definition (2a) der Multiplikation für $r_1 = r_2 = 1$, $\varphi_1 = \varphi_2 = \frac{\pi}{2}$.

(2b) $$\boxed{(x_1 + iy_1) \cdot (x_2 + iy_2) = x_1 x_2 - y_1 y_2 + i(x_1 y_2 + y_1 x_2)}$$

Speziell für das Produkt einer komplexen Zahl z mit ihrer konjugiert komplexen $\overline{z}$ erhält man hieraus das reelle Ergebnis:

$$\boxed{z \cdot \overline{z} = r^2}$$

Analog geht man bei der Umformung des Quotienten $\frac{z_1}{z_2}$ vor.

$$e^{i(\varphi_1 - \varphi_2)} = \cos(\varphi_1 - \varphi_2) + i \sin(\varphi_1 - \varphi_2)$$
$$= \cos\varphi_1 \cos\varphi_2 + \sin\varphi_1 \sin\varphi_2 + i(\sin\varphi_1 \cos\varphi_2 - \cos\varphi_1 \sin\varphi_2)$$

$$\frac{z_1}{z_2} = \frac{r_1}{r_2}\left\{\cos\varphi_1 \cos\varphi_2 + \sin\varphi_1 \sin\varphi_2 + i(\sin\varphi_1 \cos\varphi_2 - \cos\varphi_1 \sin\varphi_2)\right\}$$
$$= \frac{1}{r_2^2}\left\{r_1\cos\varphi_1 \cdot r_2\cos\varphi_2 + r_1\sin\varphi_1 \cdot r_2\sin\varphi_2 + i(r_1\sin\varphi_1 \cdot r_2\cos\varphi_2 - r_1\cos\varphi_1 \cdot r_2\sin\varphi_2)\right\}$$
$$= \frac{1}{x_2^2 + y_2^2}\left\{x_1 \cdot x_2 + y_1 \cdot y_2 + i(y_1 x_2 - x_1 y_2)\right\}$$

Das Ergebnis bedeutet, daß man den Quotienten zweier Zahlen auch formal durch Erweitern des Bruches mit dem konjugiert komplexen Nenner $\overline{z_2}$ erhält:

$$\frac{z_1}{z_2} = \frac{x_1 + iy_1}{x_2 + iy_2} = \frac{x_1 + iy_1}{x_2 + iy_2} \cdot \frac{x_2 - iy_2}{x_2 - iy_2} = \frac{(x_1 + iy_1)(x_2 - iy_2)}{x_2^2 + y_2^2}$$
$$= \frac{x_1 x_2 + y_1 y_2 + i(y_1 x_2 - x_1 y_2)}{x_2^2 + y_2^2}.$$

$$\text{(3b)} \qquad \boxed{\frac{x_1 + iy_1}{x_2 + iy_2} = \frac{x_1 x_2 + y_1 y_2 + i(y_1 x_2 - x_1 y_2)}{x_2^2 + y_2^2}}$$

Falls die Zahlen z_1, z_2 auf der reellen Achse liegen, erhält man mit $y_1 = y_2 = 0$ die Ergebnisse aus dem Reellen:

$$z_1 \cdot z_2 = x_1 \cdot x_2$$
$$\frac{z_1}{z_2} = \frac{x_1 \cdot x_2}{x_2^2} = \frac{x_1}{x_2}.$$

I. 5. Ganzzahlige Potenzen und die Formel von Moivre

Mit der Einführung der Multiplikation und Division hat man automatisch auch ganzzahlige Potenzen komplexer Zahlen definiert. Man erhält diese, indem man die Zahl z mehrmals hintereinander mit sich selbst multipliziert bzw. indem man mehrmals

hintereinander durch die Zahl z dividiert.
So erhält man beispielsweise mit den Formeln (2b) und (3b) aus I.4.:

$$z^2 = z \cdot z = x^2 - y^2 + 2ixy$$
$$\frac{1}{z} = \frac{x - iy}{x^2 + y^2} = \frac{\bar{z}}{|z|^2} .$$

Für eine Zahl z auf dem Einheitskreis ist ihr Reziprokwert gleich ihrer konjugiert Komplexen:

$$|z| = 1 \quad : \quad \frac{1}{z} = \bar{z} .$$

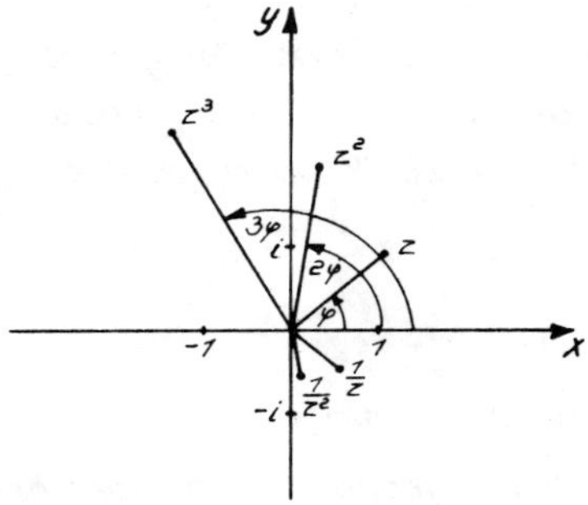

Abb. 5. Potenzen der Zahl z

Die ganzzahligen Potenzen von i erhält man unter Beachtung von $i^2 = -1$.
Man definiert $i^0 = 1$.

$i^0 = 1$ $\qquad i^0 = 1$

$i^1 = i$ $\qquad i^{-1} = \frac{1}{i} = -i$ (erweitern mit i)

$i^2 = -1$ $\qquad i^{-2} = -1$

$i^3 = -i$ $\qquad i^{-3} = -\frac{1}{i} = i$

$i^4 = 1$ $\qquad i^{-4} = 1$

Die ganzzahligen Potenzen von i durchlaufen die Zahlenfolge $1, i, -1, -i,$ die sich von $\ldots, i^{-8}, i^{-4}, i^0, i^4, i^8, \ldots$ an nach oben immer wiederholt.

Das Quadrat einer komplexen Zahl hat den doppelten Polarwinkel wie diese und ihr Betrag ist das Quadrat des ursprünglichen Betrages. Durch mehrmaliges Hintereinanderausführen der Multiplikation bzw. Division erhält man das Ergebnis:
Die n-te Potenz einer beliebigen komplexen Zahl geht aus dieser durch Vergrößerung des Polarwinkels φ auf das n-fache und Streckung des Betrages auf seine n-te Potenz hervor.

Mit Hilfe der Polarkoordinatendarstellung komplexer Zahlen und der Eulerschen Formel erhält man die einfache Darstellung einer ganzzahligen Potenz von z

$$\boxed{z^n = (re^{i\varphi})^n = r^n e^{in\varphi}}$$

Wählt man die Zahl z speziell auf dem Einheitskreis, so erhält man mit Hilfe der Eulerschen Formel (1) aus I.4. die Gleichung:

$$\boxed{(\cos\varphi + i\sin\varphi)^n = (e^{i\varphi})^n = e^{in\varphi} = \cos n\varphi + i\sin n\varphi}$$

Man nennt die so erhaltene Formel die Formel von Moivre.

Aus ihr erhält man durch Vergleich von Real- und Jmaginärteil beider Seiten den Zusammenhang der Cosinus- und Sinusfunktion des n-fachen Winkels mit den Funktionen des einfachen Winkels;

z.B. erhält man im Falle $n = 2$

$$\begin{aligned}\cos 2\varphi + i\sin 2\varphi &= (\cos\varphi + i\sin\varphi)^2 \\ &= \cos^2\varphi + 2i\sin\varphi\cos\varphi - \sin^2\varphi .\end{aligned}$$

Beide Seiten der Gleichung lassen sich für jeden festen aber beliebigen Winkel φ als komplexe Zahlen auffassen, die nur dann übereinstimmen, wenn sowohl Real- als auch Jmaginärteil gleich sind. Das bedeutet aber:

1.) $\cos 2\varphi = \cos^2\varphi - \sin^2\varphi$,

2.) $\sin 2\varphi = 2\sin\varphi\cos\varphi$.

Man erhält hier mühelos zwei trigonometrische Formeln, die sich im Reellen nur mit erheblichem Aufwand aus den Reihenentwicklungen des Cosinus und Sinus herleiten lassen.

Analoge Formeln erhält man für jedes natürliche n.

I.6. Umkehrung des Potenzierens

Zu einer gegebenen n-ten Potenz $z^n = re^{i\varphi}$ mit natürlichem $n \geq 2$ ist die komplexe Zahl z gesucht. Aus der Definition (2a) der Multiplikation ersieht man sofort, daß die Zahl mit dem Betrag $\sqrt[n]{r}$ und dem Winkel $\frac{\varphi}{n}$,

$$z_1 = \sqrt[n]{r}\, e^{i\frac{\varphi}{n}} ,$$

obige Gleichung erfüllt. Offenbar ist z_1 aber nicht die einzige Lösung, denn

$$z_2 = \sqrt[n]{r}\, e^{i\frac{\varphi+2\pi}{n}}$$

genügt der Bedingung ebenso. Es gilt nämlich:

$$e^{i(\varphi+2\pi)} = \cos(\varphi+2\pi) + i\sin(\varphi+2\pi) = \cos\varphi + i\sin\varphi = e^{i\varphi}.$$ [1)]

Jnsgesamt erhält man n verschiedene Lösungen

$$z_1 = \sqrt[n]{r}\, e^{i\frac{\varphi}{n}}, \quad z_2 = \sqrt[n]{r}\, e^{i\frac{\varphi+2\pi}{n}}, \quad z_3 = \sqrt[n]{r}\, e^{i\frac{\varphi+4\pi}{n}}, \; \ldots\ldots, \; z_n = \sqrt[n]{r}\, e^{i\frac{\varphi+(n-1)2\pi}{n}}$$

der Gleichung, während die formal nächst folgende Lösung $z_{n+1} = \sqrt[n]{r}\, e^{i(\varphi+2\pi)}$ wieder mit z_1 übereinstimmt. Jm Komplexen besitzt die Gleichung $z^n = c$ stets das vollständige Lösungssystem aus n verschiedenen Lösungen, während die Anzahl der Lösungen im Reellen im allgemeinen kleiner als n ist. Die komplexen Lösungen liegen in gleichen Abständen auf dem Kreis um den Nullpunkt mit dem Radius $\sqrt[n]{r}$, wobei der zugehörige Polarwinkel jeweils um $\frac{2\pi}{n}$ wächst.

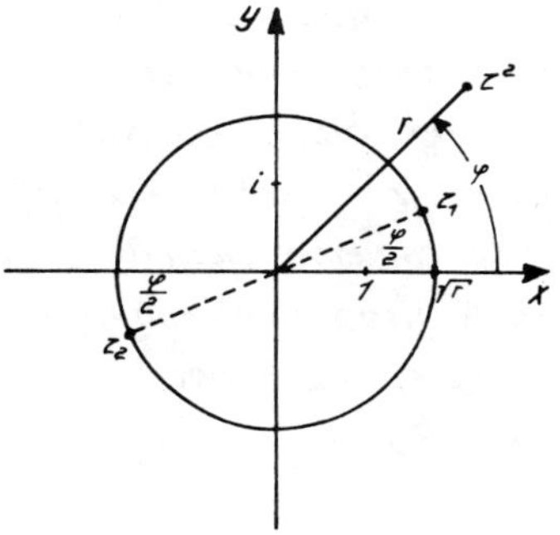

Abb. 6. Die beiden Lösungen der Gleichung $z^2 = re^{i\varphi}$.

Speziell die Gleichung $z^2 = re^{i\varphi}$ besitzt zwei Lösungen auf dem Kreis um den Ursprung mit Radius $\sqrt{r}$, die die Polarwinkel $\frac{\varphi}{2}$ und $\pi + \frac{\varphi}{2}$ besitzen. Die beiden Lösungen unterscheiden sich also nur im Vorzeichen

$$z_2 = -z_1 .$$

---

1) Siehe hierzu auch II.4.: Periodizität der e-Funktion

Im Falle, daß z^2 positiv reell ist, erhält man also zwei reelle Lösungen; falls z^2 negativ reell ist, erhält man zwei rein imaginäre Lösungen. Insbesondere bekommt man dann für $r = 1$ die beiden Wurzeln von -1, nämlich $z_1 = i$ und $z_2 = -i$.

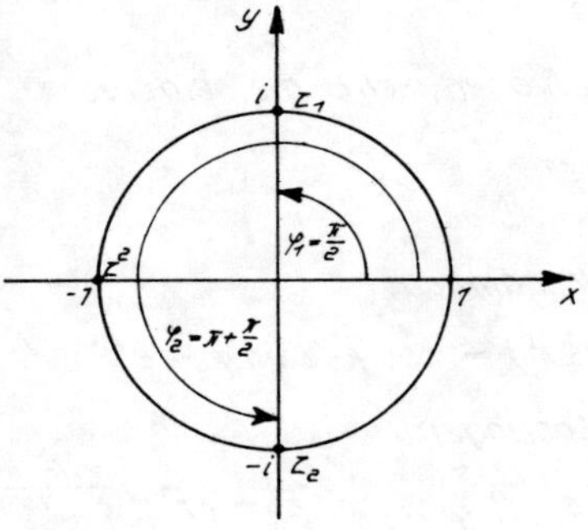

Abb. 7. Lösungen von $z^2 = -1$

In Abb. 8. sind die drei verschiedenen Lösungen im Fall $n = 3$ aufgezeichnet. Die Argumente der drei Lösungen unterscheiden sich jeweils um $\frac{2\pi}{3}$ also um 120° voneinander. Man erkennt, daß es hier höchstens <u>eine</u> reelle Lösung gibt. Speziell wenn z^3 positiv reell ist, gibt es eine positiv reelle und zwei konjugiert komplexe Lösungen (Abb. 9.).

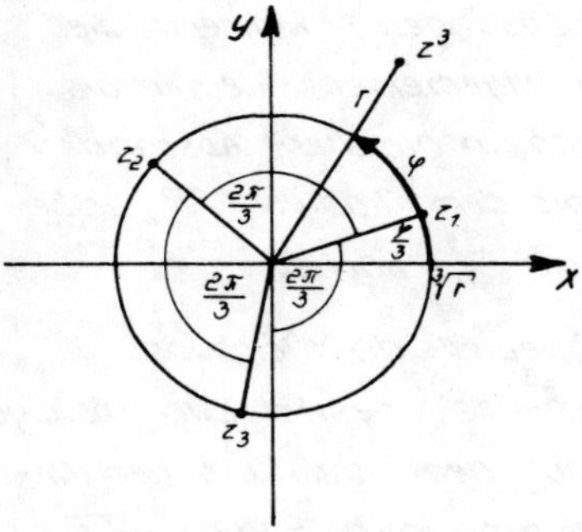

Abb. 8. Die drei Lösungen der Gleichung $z^3 = re^{i\varphi}$.

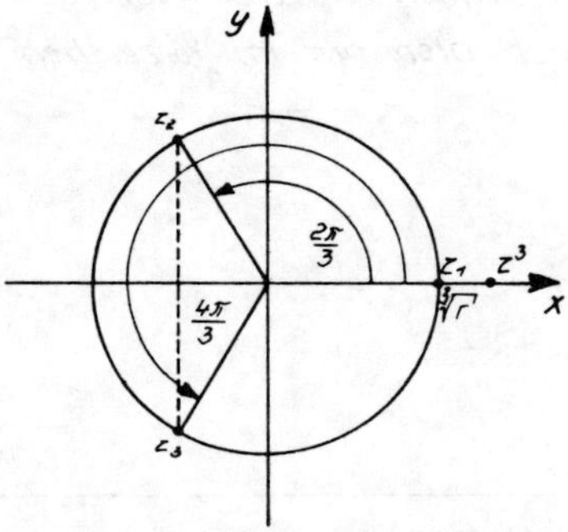

Abb. 9. Die dritten Wurzeln einer positiv reellen Zahl.

Die Gleichung $\zeta^q = z$ besitzt, wie schon erwähnt wurde, stets q komplexe Lösungen für ζ; dabei bezeichnet man als die „q-te Wurzel" der Zahl z nur die erste Lösung der Lösungsmannigfaltigkeit:

$$\sqrt[q]{z} = \sqrt[q]{r}\left(\cos\frac{\varphi}{q} + i\sin\frac{\varphi}{q}\right),$$

deren Winkel $\frac{\varphi}{q}$ dem Betrage nach am kleinsten ist.
Durch anschließendes Potenzieren der q-ten Wurzel erhält man die eindeutige Darstellung aller rationalen Potenzen von z

$$z^{\frac{p}{q}} = r^{\frac{p}{q}}\left(\cos\left(\frac{p}{q}\cdot\varphi\right) + i\sin\left(\frac{p}{q}\cdot\varphi\right)\right).$$

In Analogie hierzu lassen sich die reellen Potenzen von z erklären:

$$z^{\varrho} = r^{\varrho}(\cos\varrho\varphi + i\sin\varrho\varphi) = r^{\varrho}e^{i\varrho\varphi}.$$

I. 7. Quadratische Gleichungen

Vorgelegt sei die allgemeine quadratische Gleichung

(1) $$z^2 + 2\alpha z + \beta = 0$$

mit <u>komplexen</u> Koeffizienten α, β.
Die Auflösung nach z gelingt mit Hilfe der „quadratischen Ergänzung" α^2 auf beiden Seiten. Diese ergibt die Gleichung

$$(z+\alpha)^2 = \alpha^2 - \beta,$$

und die beiden Lösungen, die sich gemäß I. 6. nur im Vorzeichen unterscheiden, lauten:

$$(z+\alpha)_{1/2} = \pm\sqrt{\alpha^2-\beta}.$$ [1)]

Daraus folgt:

(2) $$\boxed{z_{1/2} = -\alpha \pm \sqrt{\alpha^2-\beta}.}$$

$\alpha^2-\beta$ ist eine beliebige komplexe Zahl. Es ist hier nicht zweckmäßig, zur Berechnung der Wurzel diese Zahl erst in Polarkoordinaten umzuwandeln und dann die Methode aus I. 6. anzuwenden.

---

1) Hierbei versteht man unter $\sqrt{\alpha^2-\beta}$ in Übereinstimmung mit der Schlußbemerkung aus I. 6. die Lösung der Gleichung $z^2 = \alpha^2-\beta$ mit dem kleineren Polarwinkel.

Wir untersuchen daher die Lösung der Gleichung

$$z^2 = a + ib .$$

Es sei

$$z^* = x + iy$$

eine Lösung . Dann erhält man durch Quadrieren,

$$z^{*2} = x^2 - y^2 + 2ixy \quad ,$$

und Vergleich der beiden Real- und Imaginärteile folgendes Gleichungssystem, das man umgekehrt zur Bestimmung von x und y verwenden kann:

$$x^2 - y^2 = a$$
$$2xy = b$$

Unter Anwendung dieser Methode für $z^2 = \alpha^2 - \beta$ in (2) erhält man schließlich die beiden Lösungen von Gleichung (1).

Beispiel:

$$z^2 + 2(1-i)z + 3 - 6i = 0$$
$$\alpha = 1 - i , \qquad \alpha^2 = -2i , \qquad \beta = 3 - 6i$$

$$z_{1/2} = -1 + i \pm \sqrt{-3 + 4i}$$
$$z^{*2} = -3 + 4i \;, \qquad z^* = x + iy \quad \curvearrowright \quad \begin{cases} x^2 - y^2 = -3 \\ 2xy = 4 \rightarrow x = \frac{2}{y} \end{cases}$$

Einsetzen in die erste Gleichung liefert

$$4 - y^4 + 3y^2 = 0 \;,$$
$$y^4 - 3y^2 - 4 = 0 \quad \curvearrowright \quad (y^2)_{1/2} = \frac{3}{2} \,(\pm)\, \sqrt{\frac{9}{4} + 4}$$

Nur das obere Vorzeichen kann Gültigkeit besitzen, da $y^2 > 0$ sein muß . Es folgt

$$y^2 = \frac{3}{2} + \frac{5}{2} = 4 \quad \curvearrowright \quad y_{1/2} = \pm 2 , \qquad x_{1/2} = \pm 1 .$$

Die Lösungen der quadratischen Gleichung lauten also:

$$z_{1/2} = -1 + i \pm (1 + 2i) , \qquad \text{d.h.}$$

$$\left| \begin{aligned} z_1 &= 3i \\ z_2 &= -(2+i) \end{aligned} \right|$$

Probe durch Einsetzen :

$$z_1^2 + 2(1-i)\,z_1 + 3 - 6i = -9 + 6i\,(1-i) + 3 - 6i$$
$$= -9 + 6 + 3 + 6i - 6i = 0$$

$$z_2^2 - 2(1-i)z_2 + 3 - 6i = (2+i)^2 - 2(1-i)(2+i) + 3 - 6i$$
$$= 3 + 4i - 2(3-i) + 3 - 6i$$
$$= 3 - 6 + 3 + 4i + 2i - 6i = 0$$

I. 8. Gleichungen höheren Grades

Zur Lösung einer allgemeinen Gleichung dritten Grades

(1) $$z^3 + a_2 z^2 + a_1 z + a_0 = 0$$

gibt es keine einfache Lösungsformel[1].

Die aus der Algebra bekannte Tatsache, daß sich obiger Ausdruck mit Hilfe seiner – als bekannt angenommenen – drei komplexen Lösungen z_1, z_2, z_3 als Produkt

(2) $$(z - z_1)\cdot(z - z_2)\cdot(z - z_3) = 0$$

schreiben läßt, kann man dazu benutzen, die Gleichung dritten Grades mit Hilfe einer bekannten Lösung z_1 auf eine Gleichung zweiten Grades zu reduzieren, indem man Gleichung (1) durch $z - z_1$ dividiert.

Die erste Lösung z_1 habe man etwa durch Raten ermittelt. Dann lassen sich die beiden anderen Lösungen durch Lösen einer quadratischen Gleichung gemäß I.7. bestimmen. Die Methode wird weiter unten anhand eines Beispiels noch genau erläutert.

Besitzt Gleichung (1) rein reelle oder rein imaginäre Lösungen, so lassen sich diese in einfacher Weise durch Trennung von Real- und Imaginärteil in (1) aus einer quadratischen Gleichung errechnen.

Beispiel:

Zur Lösung vorgelegt ist folgende kubische Gleichung

$$z^3 + (-4+i)z^2 + 5(1-i)z + 6(i-1) = 0 .$$

a) Es wird versucht, eine rein reelle Lösung $z = x$ zu finden.

$$x^3 + (-4+i)x^2 + 5(1-i)x + 6(i-1) = 0$$

---

1) Nach geeigneter Transformation läßt sich die Formel von Cardani anwenden. Diese Methode ist jedoch mit einigem Aufwand verbunden. Siehe hierzu auch Aufgabe 24 und 25.

Da der Ausdruck Null ist, müssen sowohl Real- als auch Imaginärteil einzeln verschwinden. Das ergibt folgende beiden Gleichungen:

$$1.)\quad x^3 - 4x^2 + 5x - 6 = 0$$

$$2.)\quad x^2 - 5x + 6 = 0,$$

die im Falle einer reellen Lösung x beide erfüllt sein müssen.

Die Lösungen der zweiten Gleichung erhält man aus der Zerlegung

$$(x-3)(x-2) = 0.$$

Daraus folgt: $x_1 = 3$,

$x_2 = 2$,

wobei x_1 auch die erste Gleichung erfüllt:

$$27 - 4 \cdot 9 + 5 \cdot 3 - 6 = 0,$$

während x_2 die erste Gleichung nicht erfüllt.

Man hat also die erste Lösung der kubischen Gleichung gefunden:

$$\underline{z_1 = 3}.$$

b) Es wird versucht, eine rein imaginäre Lösung $z = iy$ zu finden

$$-iy^3 - (-4+i)y^2 + 5i(1-i)y + 6(i-1) = 0.$$

Man erhält hieraus die beiden Gleichungen

$$1.)\quad -y^3 - y^2 + 5y + 6 = 0,$$

$$2.)\quad 4y^2 + 5y - 6 = 0.$$

Die Lösungen der zweiten Gleichung lauten:

$$y_{1/2} = -\frac{5}{8} \pm \sqrt{\frac{25}{64} + \frac{3}{2}} = -\frac{5}{8} \pm \sqrt{\frac{121}{64}} = -\frac{5}{8} \pm \frac{11}{8}$$

$$y_1 = -2, \quad y_2 = \frac{3}{4}.$$

y_1 erfüllt ebenfalls die erste Gleichung, $8 - 4 - 10 + 6 = 0$, im Gegensatz zu y_2.

Man erhält somit die zweite Lösung der kubischen Gleichung:

$$\underline{z_2 = -2i}$$

Zur Ermittlung von z_3 dividiert man die kubische Gleichung durch

$$(z-z_1)\cdot(z-z_2) = (z-3)\cdot(z+2i) = z^2+z(-3+2i)-6i\,;$$

denn aus

$$z^3+a_2z^2+a_1z+a_0 = (z-z_1)(z-z_2)(z-z_3)$$

folgt

$$z-z_3 = (z^3+a_2z^2+a_1z+a_0) : (z-z_1)(z-z_2)$$

$$[z^3+(-4+i)z^2+5(1-i)z+6(i-1)] : [z^2+(-3+2i)z-6i] = z-(1+i)$$

$$\underline{z^3+(-3+2i)z^2 \quad -6iz}$$

$$(-1-i)z^2+(5+i)z+6(i-1)$$

$$\underline{(-1-i)z^2+(5+i)z+6(i-1)}$$

$$/\!/$$

Man erhält daraus die dritte Lösung

$$\underline{z_3 = 1+i} \quad .$$

Eine Hilfe bei der Auffindung von Nullstellen bei Funktionen dritten oder höheren Grades leistet auch folgende Überlegung:
Aus der Faktorzerlegung einer kubischen Funktion nach ihren Nullstellen z_1, z_2, z_3:

$$z^3+a_2z^2+a_1z+a_0 = (z-z_1)(z-z_2)(z-z_3)$$

folgen durch Ausmultiplizieren der rechten Seite die Beziehungen

$$a_0 = -z_1z_2z_3\,, \qquad a_2 = -(z_1+z_2+z_3) \quad ^{1)}$$

Das absolute Glied ist gleich dem negativen Produkt der Wurzeln der kubischen Gleichung; der Koeffizient der zweithöchsten Potenz ist gleich der negativen Summe der Lösungen.
Diese Aussage ist, wie man sofort sieht, auch auf Gleichungen höheren Grades übertragbar, wobei man jedoch beachten muß, daß das Vorzeichen bei a_0 bei geradzahligem n positiv ist.
Im obigen Beispiel hätte man daher aus den beiden Nullstellen $z_1 = 3$, $z_2 = -2i$ und dem absoluten Glied $6(i-1)$ ohne Division bereits auf die dritte Nullstelle $1+i$ schließen können.

Analog zum vorgerechneten Beispiel kann man auch mit Gleichungen von höherem als dritten Grades verfahren. Die Gleichung wird,

1) Man beachte hierbei, daß die Gleichung in „Normalform" gegeben ist, wobei der Koeffizient der höchsten Potenz 1 ist.

wenn möglich, mit Hilfe bereits gefundener Lösungen in ihrer Ordnung reduziert. Die Ausgangslösungen erhält man, falls diese von einfacher Bauart sind, durch gezieltes Raten, indem man das absolute Glied der Gleichung betrachtet, oder aber, falls rein reelle oder imaginäre Lösungen vorhanden sind, durch Lösen von Gleichungen, deren Grad um eins erniedrigt ist.

I.9. Aufgaben zu Kapitel I

1. Aufgabe:

Man führe das Kommutativgesetz für die Addition im Komplexen zurück auf das entsprechende Gesetz im Reellen.

Lösung:

$z_1 + z_2 = (x_1 + iy_1) + (x_2 + iy_2) = x_1 + x_2 + i(y_1 + y_2)$ auf Grund der Definition der Addition im Komplexen

$= x_2 + x_1 + i(y_2 + y_1)$ auf Grund der Kommutativität im Reellen

$= (x_2 + iy_2) + (x_1 + iy_1)$ auf Grund der Definition der Addition im Komplexen

$= z_2 + z_1$

2. Aufgabe:

Analog zur Abbildung 3 für die Addition von komplexen Zahlen stelle man ihre Subtraktion graphisch dar, indem man auch die jeweiligen zugehörigen Ortsvektoren einzeichne. z_1 wähle man im ersten und z_2 im zweiten Quadranten.

Lösung :

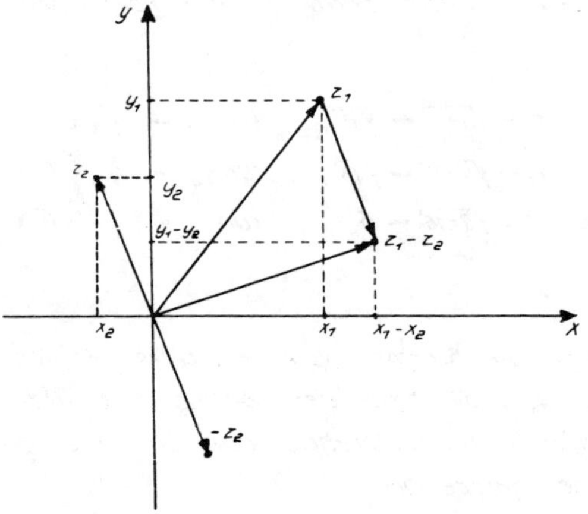

3. Aufgabe :

Man führe das Distributivgesetz im Komplexen zurück auf bekannte Gesetze . Man begründe jeden Schritt der Rechnung.

Lösung :

$$z_1 \cdot (z_2 + z_3) = (x_1 + iy_1) \cdot [(x_2 + iy_2) + (x_3 + iy_3)]$$

$$= (x_1 + iy_1) \cdot (x_2 + x_3 + i(y_2 + y_3)) \quad \text{Addition im Komplexen}$$

$$= x_1(x_2 + x_3) - y_1(y_2 + y_3) + i[x_1(y_2 + y_3) + y_1(x_2 + x_3)]$$

Gesetz (2b) aus I.4. für die Multiplikation im Komplexen

$$= x_1x_2 - y_1y_2 + x_1x_3 - y_1y_3 + i(x_1y_2 + y_1x_2 + x_1y_3 + y_1x_3)$$

Kommutativität und Distributivität im Reellen

$$= x_1x_2 - y_1y_2 + i(x_1y_2 + y_1x_2) + x_1x_3 - y_1y_3 + i(x_1y_3 + y_1x_3)$$

Definition der Addition

$$= z_1 \cdot z_2 + z_1 \cdot z_3 \quad \text{Definition der Multiplikation}$$

4. Aufgabe :

Gegeben sind zwei komplexe Zahlen

$$z_1 = 1 + i, \quad z_2 = 2 + 3i .$$

Gesucht sind die zugehörigen Größen r_1, φ_1, r_2, φ_2, sowie die Summe $z_1 + z_2$, deren Betrag r und Polarwinkel φ.

Lösung:

$z_1 = 1 + i$, $r_1 = \sqrt{1+1} = \sqrt{2}$, $\tan\varphi_1 = \frac{1}{1}$ ⤳ $\varphi_1 = 45°$

$z_2 = 2 + 3i$, $r_1 = \sqrt{4+9} = \sqrt{13}$; $\tan\varphi_2 = \frac{3}{2}$ ⤳ $\varphi_2 \approx 56°19'$

$z_1 + z_2 = 3 + 4i$, $r = \sqrt{9+16} = 5$, $\tan\varphi = \frac{4}{3}$ ⤳ $\varphi \approx 53°7{,}5'$

5. Aufgabe:

Man berechne die Summe zweier komplexer Zahlen mit Polarwinkeln φ_1, φ_2, die beide den Betrag r besitzen, in Polarkoordinaten. Man interpretiere das Ergebnis geometrisch und fertige eine Skizze an.

Lösung:

$$
\begin{aligned}
z_1 + z_2 &= r(\cos\varphi_1 + i\sin\varphi_1) + r(\cos\varphi_2 + i\sin\varphi_2) \\
&= r[\cos\varphi_1 + \cos\varphi_2 + i(\sin\varphi_1 + \sin\varphi_2)] \\
&= 2r\left[\cos\frac{\varphi_1+\varphi_2}{2}\cos\frac{\varphi_1-\varphi_2}{2} + i\sin\frac{\varphi_1+\varphi_2}{2}\cos\varphi\frac{\varphi_1-\varphi_2}{2}\right] \\
&= 2r\cos\frac{\varphi_1-\varphi_2}{2}\left(\cos\frac{\varphi_1+\varphi_2}{2} + i\sin\frac{\varphi_1+\varphi_2}{2}\right)
\end{aligned}
$$

Das bedeutet geometrisch, daß der Polarwinkel der Zahl $z_1 + z_2$ das arithmetische Mittel zwischen φ_1 und φ_2 ist.

$r\cos\frac{\varphi_1-\varphi_2}{2}$, der halbe Betrag der Zahl z_1+z_2, ist die Ankathete zum Winkel $\frac{\varphi_1-\varphi_2}{2}$ im rechtwinkligen Dreieck, das die Hypothenuse r besitzt. (siehe auch Abbildung).

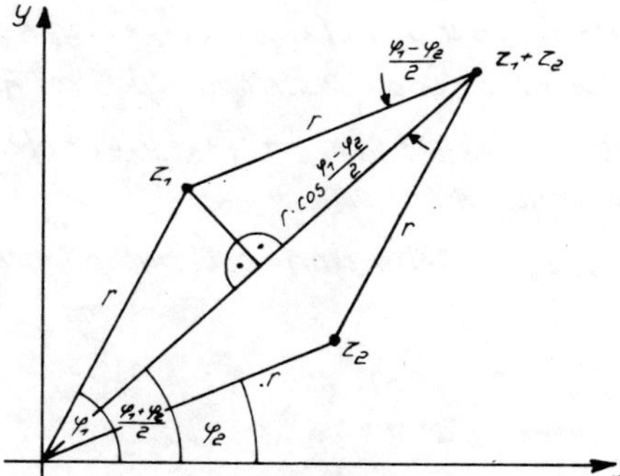

6. Aufgabe:

Welche Punkte der komplexen Zahlenebene erfüllen die Bedingung

$$\left| z - \frac{5}{2} i \right| < 2$$

Lösung:

$$\left| z - \frac{5}{2} i \right| = \left| x + i \left(y - \frac{5}{2} \right) \right| = \sqrt{x^2 + \left(y - \frac{5}{2} \right)^2}$$

Die Gleichung $\left| z - \frac{5}{2} i \right| = 2$ führt auf die Kreisgleichung

$$x^2 + \left(y - \frac{5}{2} \right)^2 = 4 .$$

Der Mittelpunkt des Kreises ist $M\left(0 / \frac{5}{2}\right)$, sein Radius ist $r = 2$

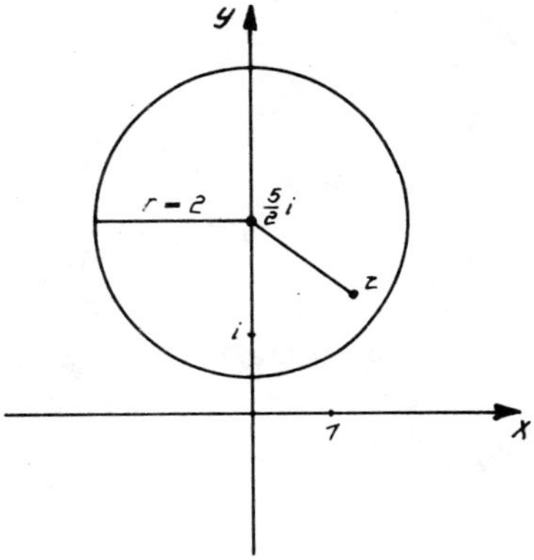

Die Ungleichung $\left| z - \frac{5}{2} i \right| < 2$ wird von allen Punkten der Gaußschen Ebene erfüllt, die innerhalb dieses Kreises liegen.

7. Aufgabe:

Welcher Operation in der Vektorrechnung entspricht die Multiplikation einer komplexen mit einer rein reellen Zahl?

Lösung:

Die Multiplikation einer komplexen mit einer rein reellen Zahl führt lediglich zu einer Änderung ihres Betrages bzw. zu einer Umkehrung ihrer Richtung (Multiplikation mit -1) und entspricht somit der Multiplikation eines Vektors mit einem Skalar.

8. Aufgabe :

Man stelle den Quotienten $\frac{z_1}{z_2}$ graphisch dar für die Werte
$r_1 = 3$, $r_2 = 2$, $\varphi_1 = 60°$, $\varphi_2 = 80°$.

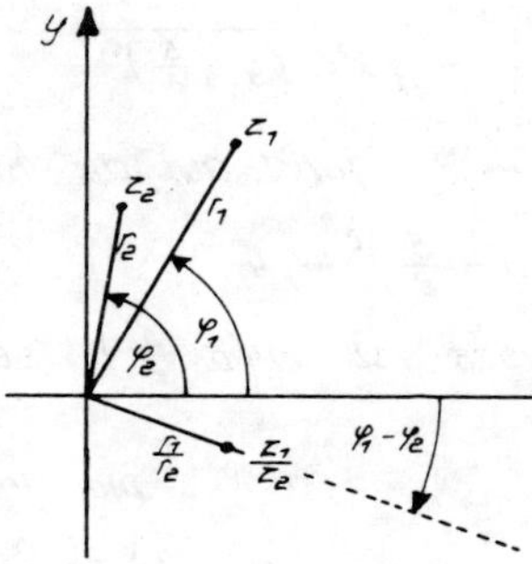

9. Aufgabe :

Man berechne das Produkt einer komplexen Zahl mit ihrer konjugiert komplexen
a) in kartesischen Koordinaten (x,y),
b) in Polarkoordinaten (r,φ).

Lösung :

a) $z = x + iy$, $\bar{z} = x - iy$

$$z \cdot \bar{z} = (x+iy)(x-iy) = x^2 - (iy)^2 = x^2 + y^2 = |z|^2$$

b) $z = re^{i\varphi}$, $\bar{z} = re^{-i\varphi}$

$$z \cdot \bar{z} = r^2 e^{i(\varphi-\varphi)} = r^2 = |z|^2$$

10. Aufgabe :

Folgender arithmetischer Vorgang wird Jnversion am Einheitskreis genannt :

Zu einer komplexen Zahl z bestimmt man eine zweite z' mit dem negativen Polarwinkel von z und dem Kehrwert des Betrages von z hinzu.
Man drücke allgemein z' durch z aus; sodann vollziehe man die Inversion am Einheitskreis für die Zahl $z = \frac{1}{2}(2+3i)$ rechnerisch und zeichnerisch und zeichne ebenfalls den Einheitskreis in der komplexen Ebene ein.

<u>Lösung</u>:

Der verbalen Beschreibung der Inversion entnimmt man die Formel

$$z' = \frac{\bar{z}}{|z|^2}\,, \quad \text{denn } r' = \frac{|\bar{z}|}{|z|^2} = \frac{1}{|z|} = \frac{1}{r} \quad \text{und } \varphi' = \varphi(\bar{z}) = -\varphi .$$

Mit $\frac{1}{z} = \frac{x-iy}{x^2+y^2} = \frac{\bar{z}}{|z|^2}$ erhält man

$$\underline{z' = \frac{1}{z}} \; .$$

Speziell für $z = \frac{1}{2}(2+3i)$ lautet die Inversion

$$z' = \frac{2}{2+3i} = \frac{2(2-3i)}{13}$$

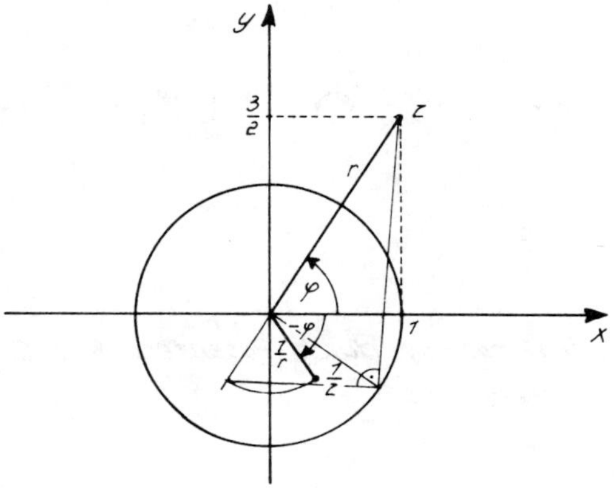

(Konstruktion von $\frac{1}{r}$ nach dem Höhensatz)

11. Aufgabe :

Wie hängt die konjugiert Komplexe eines Produkts mit den konjugiert Komplexen seiner Faktoren zusammen ? (Herleitung in kartesischen Koordinaten)

Lösung :

$$z = z_1 \cdot z_2 = x_1 x_2 - y_1 y_2 + i(x_1 y_2 + x_2 y_1)$$

$$\begin{aligned}\bar{z} &= x_1 x_2 - y_1 y_2 - i(x_1 y_2 + x_2 y_1) \\ &= x_1 x_2 - (-y_1)(-y_2) + i\left[x_1(-y_2) + x_2(-y_1)\right] \\ &= (x_1 - iy_1)(x_2 - iy_2) \\ &= \bar{z}_1 \cdot \bar{z}_2\end{aligned}$$

12. Aufgabe :

Aus der Darstellung einer komplexen Zahl in der Form

$$z = re^{i\varphi}$$

mit $r = |z|$ ist bereits ersichtlich, daß $|e^{i\varphi}| = 1$ ist. Man rechne dies jedoch noch einmal formal nach.

Lösung :

$$e^{i\varphi} = \cos\varphi + i\sin\varphi \quad \curvearrowright \quad |e^{i\varphi}| = \sqrt{\cos^2\varphi + \sin^2\varphi} = 1$$

13. Aufgabe :

Man drücke $\cos 3\varphi$ durch Potenzen vom Cosinus des einfachen Winkels aus.

Lösung :

Die Anwendung der Formel von Moivre für $n = 3$ ergibt :

$$\begin{aligned}\cos 3\varphi + i\sin 3\varphi &= (\cos\varphi + i\sin\varphi)^3 \\ &= \cos^3\varphi + 3i\cos^2\varphi\sin\varphi + 3i^2\cos\varphi\sin^2\varphi + i^3\sin^3\varphi \\ &= \cos^3\varphi - 3\cos\varphi\sin^2\varphi + i(3\cos^2\varphi\sin\varphi - \sin^3\varphi)\ ;\end{aligned}$$

denn da die gliedweise Multiplikation von komplexen Zahlen erlaubt ist, lassen sich die binomischen Formeln aus dem Reellen übertragen.
Man vergleicht Real- und Jmaginärteil der Gleichung und erhält dadurch folgende beiden Aussagen :

1.) $\cos 3\varphi = \cos^3\varphi - 3\cos\varphi\sin^2\varphi$,

2.) $\sin 3\varphi = 3\cos^2\varphi\sin\varphi - \sin^3\varphi$.

Setzt man in der ersten Gleichung

$$\sin^2\varphi = 1 - \cos^2\varphi$$

ein, so erhält man die gewünschte Formel :

$$\cos 3\varphi = 4\cos^3\varphi - 3\cos\varphi .$$

14. Aufgabe :

Man schreibe die Formel von Moivre für beliebiges natürliches n getrennt nach Real- und Jmaginärteil auf.

Lösung :

Die Formel von Moivre lautet

$$\cos n\varphi + i\sin n\varphi = (\cos\varphi + i\sin\varphi)^n .$$

Auf Grund des binomischen Lehrsatzes gilt

$$\cos n\varphi + i\sin n\varphi = \binom{n}{0}\cos^n\varphi + \binom{n}{1}\cos^{n-1} i\sin\varphi + \binom{n}{2}\cos^{n-2}\varphi\,(i\sin\varphi)^2$$
$$+ \dots + \binom{n}{n-1}\cos\varphi\,(i\sin\varphi)^{n-1} + \binom{n}{n}(i\sin\varphi)^n$$
$$= \sum_{\nu=0}^{n}\binom{n}{\nu}\cos^{n-\nu}\varphi\; i^\nu \sin^\nu\varphi .$$

Das letzte Glied der Summe ist reell, wenn n eine gerade Zahl ist und imaginär, wenn n eine ungerade Zahl ist. Deshalb muß man bei Trennung nach Real- und Jmaginärteil zwei Fälle unterscheiden :

a) gerades n :

$$\cos n\varphi = \binom{n}{0}\cos^n\varphi - \binom{n}{2}\cos^{n-2}\varphi\sin^2\varphi + \binom{n}{4}\cos^{n-4}\sin^4\varphi$$
$$- + \dots + \binom{n}{n-2}\cos^2\varphi\sin^{n-2}\varphi\cdot(-1)^{\frac{n-2}{2}} + \binom{n}{n}\sin^n\varphi\,(-1)^{\frac{n}{2}}$$

$$= \sum_{\nu=0}^{\frac{n}{2}} \binom{n}{2\nu} (-1)^\nu \cos^{n-2\nu}\varphi \sin^{2\nu}\varphi$$

$$\sin n\varphi = \binom{n}{1}\cos^{n-1}\varphi \sin\varphi - \binom{n}{3}\cos^{n-3}\varphi \sin^3\varphi + - \ldots$$

$$+ \binom{n}{n-1}\cos\varphi \sin^{n-1}\varphi (-1)^{\frac{n-2}{2}}$$

$$= \sum_{\nu=0}^{\frac{n-2}{2}} \binom{n}{2\nu+1} (-1)^\nu \cos^{n-(2\nu+1)}\varphi \sin^{2\nu+1}\varphi$$

b) ungerades n :

$$\cos n\varphi = \sum_{\nu=0}^{\frac{n-1}{2}} \binom{n}{2\nu} (-1)^\nu \cos^{n-2\nu}\varphi \sin^{2\nu}\varphi$$

$$\sin n\varphi = \sum_{\nu=0}^{\frac{n-1}{2}} \binom{n}{2\nu+1} (-1)^\nu \cos^{n-(2\nu+1)}\varphi \sin^{2\nu+1}\varphi .$$

Man prüfe hier auch den Sonderfall $n = 3$ aus Aufgabe 13 nach.

15. Aufgabe :

Man führe die Division

$$(10 + 6i) : (4 - i)$$

durch, und zwar

a) direkt

b) in Polarkoordinaten .

Lösung :

a) $$\frac{10+6i}{4-i} = \frac{10+6i}{4-i} \cdot \frac{4+i}{4+i} = \frac{(10+6i)(4+i)}{4^2+1} = \frac{34\,(1+i)}{17} = 2(1+i)$$

b) $$z_1 = 10 + 6i \quad \curvearrowright \quad r_1 = \sqrt{136} = 2\sqrt{2 \cdot 17}\,, \qquad \tan\varphi_1 = \frac{3}{5}$$

$$z_2 = 4 - i \quad \curvearrowright \quad r_2 = \sqrt{17}\,, \qquad \tan\varphi_2 = -\frac{1}{4}$$

$$z = \frac{z_1}{z_2}\,, \qquad r = \frac{r_1}{r_2} = 2\sqrt{2}$$

$$\varphi = \varphi_1 - \varphi_2 \quad \curvearrowright$$

$$\tan\varphi = \tan(\varphi_1 - \varphi_2) = \frac{\tan\varphi_1 - \tan\varphi_2}{1 + \tan\varphi_1 \tan\varphi_2}$$

$$= \frac{\frac{3}{5} + \frac{1}{4}}{1 - \frac{3}{20}} = \frac{17}{17} = 1$$

Real- und Jmaginärteil von z sind also gleich groß. φ kann daher ein Winkel aus dem 1. oder 3. Quadranten sein. Da aber φ_1 im ersten, φ_2 im vierten Quadranten liegt, kann $\varphi_1 - \varphi_2$ nicht im dritten Quadranten liegen. Also sind Real- und Jmaginärteil von z gleich groß und positiv.

$$z = 2\sqrt{2}\,(\cos 45^\circ + i\sin 45^\circ) = 2\sqrt{2}\,\frac{1+i}{\sqrt{2}} = 2(1+i)$$

16. Aufgabe :

Man berechne die Zahlen

a) $\dfrac{(1-2i)\,5i}{(1+i)^2(1-i)}$, b) $\dfrac{3+2i}{i\,(3-2i)^2}$

Lösung :

a) $$\frac{(1-2i)\,5i}{(1+i)^2(1-i)} = \frac{5(i+2)}{2(1+i)} = \frac{5(i+2)}{2(1+i)}\cdot\frac{1-i}{1-i} = \frac{5}{4}(3-i)$$

b) $$\frac{3+2i}{i\,(3-2i)^2} = \frac{(3+2i)}{i\,(3-2i)^2}\cdot\frac{(3+2i)^2}{(3+2i)^2} = \frac{(3+2i)^3}{13^2 i}$$

$$= -\frac{i}{169}\left(3^3 + 3\cdot 3^2\,2i + 3\cdot 3\cdot(2i)^2 + (2i)^3\right)$$

$$= -\frac{i}{169}(-9+46i) = \frac{46+9i}{169}$$

17. Aufgabe :

Eine elektrische Schwingung liegt in der komplexen Form

$$J(t) = (\alpha + i\beta)\,e^{i\omega t}, \qquad \alpha, \beta, \omega \text{ reell},$$

vor, wie dies nach Lösung einer Schwingungsdifferentialgleichung z.B. der Fall ist.
Berechnen Sie nach den erhaltenen Formeln Amplitude und Phasenwinkel der überlagerten Schwingungen

a) $J = 5\cos 3t + 12\sin 3t$

b) $J = 4\cos 2t + 3\cos(2t - \frac{\pi}{6})$

durch Ergänzung zur komplexen Form.

Lösung:

J(t) ist das Produkt zweier komplexer Zahlen,

$z_1 = \alpha + i\beta; \quad z_2 = e^{iwt}$,

deren Beträge multipliziert und deren Polarwinkel addiert werden müssen.

$|z_1| = \sqrt{\alpha^2+\beta^2} \quad ; \quad |z_2| = 1$

$\tan\varphi_1 = \frac{\beta}{\alpha}, \quad \varphi_2 = wt$

$\rightarrow J(t) = \sqrt{\alpha^2+\beta^2}\, e^{i(wt+\arctan\frac{\alpha}{\beta})}$

Amplitude: $A = \sqrt{\alpha^2+\beta^2}$

Phasenwinkel $\varphi = \arctan\frac{\beta}{\alpha}$

a) komplexe Ergänzung:

$J(t) = (5-12i)(\cos 3t + i\sin 3t) = (5-12i)e^{i3t}$

(Der Realteil von J(t) stimmt mit dem gegebenen J überein)

$A = 13 \qquad \tan\varphi = -\frac{12}{5} \qquad \varphi = -67{,}4°$

b) Umformung:

$J = 4\cos 2t + 3(\cos 2t \cdot \cos\frac{\pi}{6} + \sin 2t \cdot \sin\frac{\pi}{6})$

$= (4+\frac{3\sqrt{3}}{2})\cos 2t + \frac{3}{2}\sin 2t$

komplexe Ergänzung:

$J(t) = (4+\frac{3\sqrt{3}}{2} - \frac{3}{2}i)(\cos 2t + i\sin 2t)$

$= (4+\frac{3\sqrt{3}}{2} - \frac{3}{2}i)e^{i2t}$

$A = \sqrt{(4+\frac{3\sqrt{3}}{2})^2 + (\frac{3}{2})^2} = 6{,}77$

$\tan\varphi = -\frac{\frac{3}{2}}{4+\frac{3\sqrt{3}}{2}} = -\frac{3}{8+3\sqrt{3}} = -0{,}23 \qquad \varphi = -12{,}8°$

18. Aufgabe :

Wie muß eine Zahl z beschaffen sein, damit je zwei ihrer vierten Wurzeln konjugiert komplex sind ?
Wie lauten die Lösungen in diesem Fall in kartesischen Koordinaten ?

Lösung :

$$z^4 = re^{i\varphi} \quad \curvearrowright \quad z_1 = \sqrt[4]{r}\, e^{i\frac{\varphi}{4}}, \qquad z_2 = \sqrt[4]{r}\, e^{i\frac{\varphi+2\pi}{4}}$$

$$z_3 = \sqrt[4]{r}\, e^{i\frac{\varphi+4\pi}{4}}, \qquad z_4 = \sqrt[4]{r}\, e^{i\frac{\varphi+6\pi}{4}}$$

Es soll gelten

$$z_4 = \overline{z_1},$$
$$z_3 = \overline{z_2}.$$

Man erhält hieraus die Bedingungen

$$\frac{\varphi+6\pi}{4} = -\frac{\varphi}{4}$$

$$\text{und} \quad \frac{\varphi+4\pi}{4} = -\frac{\varphi+2\pi}{4}$$

Die Lösung ist $\varphi = -3\pi$, wofür man aber genauso gut schreiben kann $\varphi = \pi$,
wenn man sich auf Winkel φ mit $0 \leq \varphi \leq 2\pi$ beschränkt.
Das bedeutet, daß z^4 negativ reell ist.
Die beiden Lösungen z^2 sind dann rein imaginär.

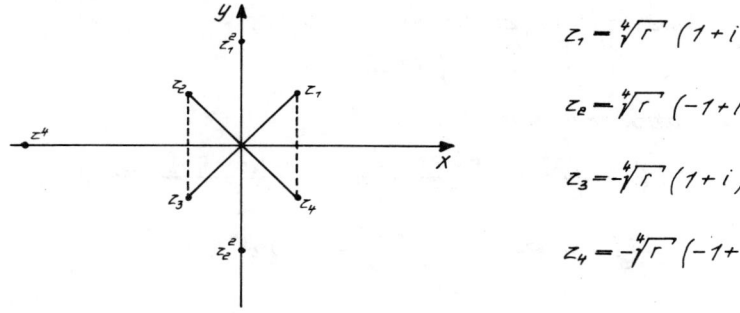

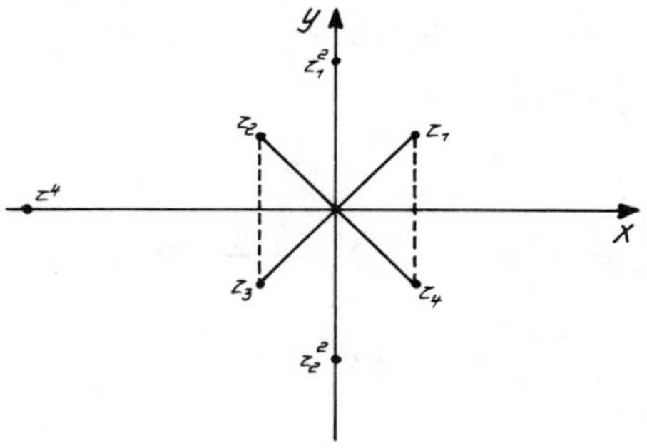

$$z_1 = \sqrt[4]{r}\,(1+i)$$

$$z_2 = \sqrt[4]{r}\,(-1+i)$$

$$z_3 = -\sqrt[4]{r}\,(1+i)$$

$$z_4 = -\sqrt[4]{r}\,(-1+i)$$

19. Aufgabe :

z^3 sei negativ reell. Man skizziere die drei Wurzeln.
(vgl. Abb. 9.)

Lösung :

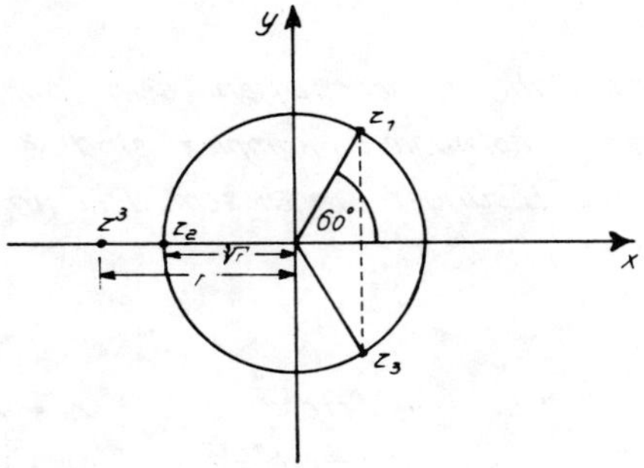

20. Aufgabe :

Man stelle sämtliche Wurzeln von $z^5 = 2(-1+i\sqrt{3})$ dar.

Lösung :

Da der Betrag von $-1+i\sqrt{3}$ den Wert 2 hat, erhält man durch Ausklammern eines weiteren Faktors 2 die Polar-Koordinatendarstellung von z^5 :

$$z^5 = 4\left(-\frac{1}{2} + \frac{i}{2}\sqrt{3}\right)$$

mit $r = 4$, $\cos\varphi = -\frac{1}{2}$, $\sin\varphi = \frac{1}{2}\sqrt{3}$ $\curvearrowright$ $\varphi = 120°$

Die Wurzeln von z^5 haben den Betrag

$$\sqrt[5]{4} \approx 1,32$$

Ihre Polarwinkel sind

$$\frac{\varphi}{5} = 24°, \quad \frac{\varphi+2\pi}{5} = 96°, \quad \frac{\varphi+4\pi}{5} = 168°,$$

$$\frac{\varphi+6\pi}{5} = 240°, \quad \frac{\varphi+8\pi}{5} = 312°.$$

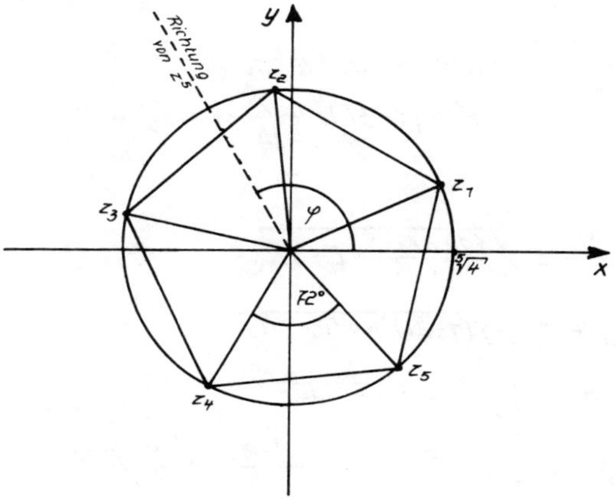

21. Aufgabe :

Man ziehe die Wurzel

$$\sqrt{16-12i}$$

Lösung :

$\sqrt{16-12i} = 2\sqrt{4-3i}$

Die Zahl $z = x + iy$, deren Quadrat $z^2 = 4-3i$ ist, muß folgenden Bedingungen genügen :

$$x^2 - y^2 = 4 \quad \text{und} \quad 2xy = -3 .$$

$x = -\frac{3}{2y}$ in die erste Gleichung eingesetzt, ergibt

$$y^4 + 4y^2 - \frac{9}{4} = 0 .$$

Nur $y^2 = -2 + \sqrt{4 + \frac{9}{4}} = -2 + \frac{5}{2} = \frac{1}{2}$ ist eine Lösung,

da $y^2 > 0$. Man erhält $y_{1/2} = \pm \frac{\sqrt{2}}{2}$ und

$$x_{1/2} = \mp \frac{3\sqrt{2}}{2} .$$

Unter der Quadratwurzel versteht man nur die Lösung mit dem absolut genommenen kleinsten Polarwinkel. Deshalb lautet das Ergebnis:

$$\sqrt{16-12i} = \sqrt{2}\,(3-i) .$$

22. Aufgabe :

Man löse die quadratische Gleichung :

$$z^2 - (1-3i)z + (-2+11i) = 0$$

Lösung :

$$z_{1/2} = \frac{1-3i}{2} \pm \sqrt{\frac{(1-3i)^2}{4} + 2 - 11i}$$

$$= \frac{1-3i}{2} \pm \frac{1}{2}\sqrt{(1-3i)^2 + 4(2-11i)}$$

$$= \frac{1-3i}{2} \pm \frac{1}{2}\sqrt{-8-6i+8-44i}$$

$$= \frac{1-3i}{2} \pm \frac{1}{2}\sqrt{-50i} = \frac{1-3i}{2} \pm \frac{5}{2}\sqrt{-2i}$$

Damit man die Wurzel ziehen kann, muß man eine Zahl z^* ermitteln, deren Quadrat $z^{*2} = -2i$ ist. Ihr Polarwinkel muß, da ihr Quadrat negativ imaginär ist, $\frac{3\pi}{4}$ sein, d.h. ihr Real- und Imaginärteil stimmen betraglich überein, haben aber umgekehrtes Vorzeichen. Berücksichtigt man noch den Betrag von z^*, $|z^*| = \sqrt{2}$ so erhält man das Ergebnis

$$z^* = -1 + i$$

und somit die beiden Lösungen :

$$z_1 = \frac{1-3i}{2} + \frac{5-5i}{2} = 3 - 4i ,$$

$$z_2 = \frac{1-3i}{2} - \frac{5-5i}{2} = -2 + i .$$

Man mache die Probe durch Einsetzen !

23. Aufgabe :

Man löse folgende Gleichung vierten Grades :

$$z^4 - (1+7i)z^3 - (11+3i)z^2 - (7+i)z - (30+165i) = 0$$

Lösung :

Zunächst wird nach einer rein reellen Lösung $z = x$ gesucht. Man erhält aus dem Imaginärteil der Gleichung die Bedingung :

$$7x^3+3x^2+x+165=0$$

Durch Raten erhält man die Lösung $z=-3$, die auch den Realteil der Gleichung

$$x^4-x^3-11x^2-7x-30=0$$

erfüllt.

Da das absolute Glied $-30-165i$ weiterhin den Faktor 5 enthält, versucht man, ob $z=\pm 5$ oder $z=\pm 5i$ Lösungen der Gleichung sind. Jn der Tat bestätigt man durch Einsetzen, daß $z=5i$ eine Lösung ist. Mit Hilfe der beiden gefundenen Lösungen reduziert man nun die Ordnung der gegebenen Gleichung

$$(z-5i)\cdot(z+3)=z^2+(3-5i)z-15i$$

$$\left[z^4-(1+7i)z^3-(11+3i)z^2-(7+i)z-(30+165i)\right]:\left[z^2+(3-5i)z-15i\right]=$$

$$\underline{z^4+(3-5i)z^3-\quad 15iz^2} \qquad\qquad = z^2-2(2+i)z+11-2i$$

$$(-4-2i)z^3+(-11+12i)z^2-(7+i)z$$

$$\underline{(-4-2i)z^3-(22-14i)z^2+30(2i-1)}$$

$$(11-2i)z^2+(23-61i)z-(30+165i)$$

$$\underline{(11-2i)z^2+(23-61i)z-(30+165i)}$$

$$/\!/$$

Zur Auffindung der letzten beiden Lösungen hat man also die quadratische Gleichung

$$z^2-2(2+i)z+11-2i=0$$

zu lösen. Sie besitzt die beiden Lösungen

$$z_{1/2}=2+i\pm\sqrt{(2+i)^2-11+2i}$$

$$=2+i\pm\sqrt{3+4i-11+2i}$$

$$=2+i\pm\sqrt{-8+6i}$$

Um die Wurzel noch zu ziehen, sucht man die komplexe Zahl $x+iy$, deren Quadrat $-8+6i$ ist. Man erhält daraus die beiden Gleichungen

$$\begin{cases} x^2-y^2=-8 \\ 2xy\quad=6 \end{cases}$$

Das Gleichungssystem besitzt die Lösung $x=1$, $y=3$.

Damit erhält man:

$$z_{1/2} = 2+i \pm (1+3i) ,$$

also:

$$z_1 = 3+4i , \qquad z_2 = 1-2i .$$

Die gegebene Gleichung 4. Grades besitzt also die Lösungen:

$$z_1 = 3+4i , \qquad z_2 = 1-2i ,$$
$$z_3 = -3 , \qquad z_4 = 5i .$$

Zur Probe berechne man das Produkt

$$(z-5i)(z+3)(z-1+2i)(z-3-4i) \,!$$

24. Aufgabe:

In der Algebra wird die Formel von Cardani zur Lösung von kubischen Gleichungen hergeleitet.

Die kubische Gleichung

$$x^3+3px+2q = 0$$

mit reellen Koeffizienten p, q besitzt danach die Lösungen

$$x_1 = u+v ,$$
$$x_{2/3} = -\frac{u+v}{2} \pm \frac{\sqrt{3}}{2}\, i\,(u-v) ,$$

wobei u und v folgendermaßen mit den Koeffizienten der Gleichung verknüpft sind:

$$u = \sqrt[3]{-q+\sqrt{q^2+p^3}} , \quad v = \sqrt[3]{-q-\sqrt{q^2+p^3}} .$$

Für den „dritten Auflösungsfall", in dem die Diskriminante der Gleichung $D = q^2+p^3$ negativ wird, soll gezeigt werden, daß alle drei Lösungen reell sind.

(Man zeige zunächst, daß die konjugiert Komplexe einer Wurzel gleich der Wurzel aus dem konjugiert komplexen Radikanden ist.)

Lösung:

$$z = r(\cos\varphi + i\sin\varphi), \qquad \bar{z} = r(\cos\varphi - i\sin\varphi)$$
$$\sqrt[3]{z} = \sqrt[3]{r}\left(\cos\frac{\varphi}{3} + i\sin\frac{\varphi}{3}\right)$$
$$\overline{\sqrt[3]{z}} = \sqrt[3]{r}\left(\cos\frac{\varphi}{3} - i\sin\frac{\varphi}{3}\right)$$
$$\sqrt[3]{\bar{z}} = \sqrt[3]{r}\left(\cos\frac{\varphi}{3} - i\sin\frac{\varphi}{3}\right)$$

Hieraus ist ersichtlich, daß

$$\sqrt[3]{\bar{z}} = \overline{\sqrt[3]{z}} \quad ,$$

d.h. die dritte Wurzel der konjugiert Komplexen ist gleich der konjugiert Komplexen der dritten Wurzel.

Jm 3. Auflösungsfall gilt

$$q^2 + p^3 < 0 .$$

Das hat zur Folge, daß $\sqrt{q^2+p^3}$ imaginär und die Größen u und v der Lösungsformel komplex sind. Da die Radikanden von u und v konjugiert komplex sind, sind auch u und v selbst konjugiert komplex, wie gerade gezeigt wurde. Sie sind daher von der Form

$$u = x + iy , \qquad v = x - iy .$$

Die Summe von u und v und damit die Lösung x_1 sind also reell. Die Differenz von u und v ist rein imaginär, sodaß wiederum das Produkt $i(u-v)$ reell ist und damit auch die beiden anderen Lösungen $x_{2/3}$ reell sind.

25. Aufgabe :

Der dritte Auflösungsfall wird in der älteren Literatur auch der „irreduzible" Fall genannt, weil die Gleichung dann nicht mehr mit Methoden der reellen Algebra gelöst werden kann.
Man bestimme nach der Formel von Cardani die Lösungen der kubischen Gleichung

$$x^3 - 6x + 4 = 0$$

Lösung :

$p = -2 , \quad q = 2 \qquad\qquad D = q^2 + p^3 = 4 - 8 = -4$

$u = \sqrt[3]{-2+2i} \quad , \qquad\qquad v = \sqrt[3]{-2-2i}$

Berechnung der 3. Wurzeln :

$$z_1 = -2+2i = \sqrt{8}\,\frac{-1+i}{\sqrt{2}} = \sqrt{8}\,(\cos 135^\circ + i \sin 135^\circ)$$

$$\sqrt[3]{z_1} = \sqrt[3]{\sqrt{8}}\left(\cos\frac{135^\circ}{3} + i\sin\frac{135^\circ}{3}\right) = \sqrt{2}\,(\cos 45^\circ + i \sin 45^\circ) = 1+i \quad .$$

Es folgt: $u = 1+i\,, \quad v = 1-i$

$u+v = 2\,, \qquad u-v = 2i$ ↷

$$\underline{x_1 = 2}$$

$$\underline{x_{2/3} = -1 \pm \sqrt{3}}$$

Man mache die Probe durch Einsetzen !

Kapitel II. **Komplexe Funktionen**

II.1. Einleitung

Jn Erweiterung des Begriffes der Funktionen einer reellen Veränderlichen

$$y = f(x) \ ,$$

betrachtet man Funktionen einer komplexen Variablen,

$$\xi = f(z) \ .$$

Jeder komplexen Zahl z aus dem Definitionsbereich der Funktion, der in der komplexen Ebene liegt, wird eine komplexe Zahl ξ zugeordnet, ihr Funktionswert. Die Menge aller ξ, die zu den Zahlen z aus dem Definitionsbereich gehören, bilden den komplexen Wertebereich der Funktion.

Ein einfaches Beispiel für eine komplexe Funktion ist

$$f(z) = z \ .$$

Jn diesem Fall wird jede komplexe Zahl auf sich selbst abgebildet.

Eine wichtige Frage ist die der <u>Eindeutigkeit</u> komplexer Funktionen. Man sagt, eine komplexe Funktion ist eindeutig, wenn jeder komplexen Zahl z des Definitionsbereichs eine einzige Zahl $\xi = f(z)$ zugeordnet ist. z.B. liefert die Umkehrung des Quadrierens von Natur aus keine eindeutige Funktion, denn die Gleichung $\xi^2 = z$ besitzt ja zwei Lösungen ξ, die sich durch das Vorzeichen unterscheiden

$$\xi = \pm \sqrt{z}$$

Man verabredet daher gemäß I.6., unter „der Quadratwurzel" von z stets die zugehörige komplexe Zahl mit dem kleineren Polarwinkel verstehen zu wollen.

(*) $$\sqrt{z} = \sqrt{r}\left(\cos\frac{\varphi}{2} + i\sin\frac{\varphi}{2}\right)$$

Durch diese Definition ist die Funktion $\xi = \sqrt{z}$ zu einer eindeutigen Funktion geworden.

Durchläuft man nun eine geschlossene Kurve um den Punkt $z = 0$ in der Gaußschen Ebene, etwa einen Kreis, den man auf der positiven reellen Achse beginnt, so liegen die zu den durchlaufenen Punkten gehörigen Quadratwurzeln allesamt in der oberen Halbebene. Erst bei nochmaliger Durchlaufung der Kurve, wobei der Polarwinkel im Intervall $2\pi \leq \varphi < 4\pi$ liegt, erhält man die zugehörigen Quadratwurzeln in der unteren Halbebene. Bei nochmaliger Umlaufung erhält man wieder die ersten Lösungen.

Die Verabredung (*), die eine von Natur aus doppeldeutige Funktion in eine eindeutige verwandelt, hat zur Folge, daß bei der Ermittlung der Quadratwurzeln unterschieden werden muß, auf welchem Umlauf man sich befindet, d.h. zwischen welchen Vielfachen von 2π der Polarwinkel liegt.

Man hat es nun gleichsam mit zwei übereinanderliegenden Niveaus der Gaußschen Ebene zu tun, deren Funktionswerte $\sqrt{z}$ sich in den entsprechenden Punkten um den Polarwinkel π unterscheiden. Auf dem ersten Niveau befindet man sich beim 1., 3., 5. u.s.w. Umlauf, während man sich beim 2., 4., 6. u.s.w. Umlauf auf dem zweiten Niveau befindet. Jedesmal beim Überschreiten der positiven reellen Achse ($\varphi = 2\pi, 4\pi, 6\pi \ldots$) wechselt man von einem Niveau auf das andere über. Die Grenzlinie zwischen beiden Niveaus, die in diesem Fall durch die reelle Achse dargestellt wird, nennt man einen „Verzweigungsschnitt" der Gaußschen Ebene. Er schneidet die Gaußsche Ebene entlang der positiv reellen Achse bis zum Nullpunkt auf. Der Verzweigungsschnitt endet im „Verzweigungspunkt" $z = 0$, wo die Funktionswerte $\sqrt{z}$ beider Niveaus übereinstimmen.

(Ebensogut hätte man den Verzweigungsschnitt auch entlang einer anderen Halbgerade, die bei $z = 0$ endet, legen können.)

II.2. Reihen

Eine Potenzreihe im Komplexen ist analog zum Reellen eine Funktion der Form

$$(1) \qquad f(z) = a_0 + a_1 z + a_2 z^2 + \ldots\ldots = \sum_{\nu=0}^{\infty} a_\nu z^\nu$$

mit komplexen Koeffizienten a_ν.

Durch Übertragung der Konvergenzkriterien aus dem Reellen kann man zeigen, daß eine Potenzreihe, die an einer Stelle z^* konvergiert [1], für alle z mit $|z| < |z^*|$ absolut konvergiert. Dabei bedeutet absolute Konvergenz, daß auch die Reihe ihrer Absolutbeträge

$$(2) \qquad |a_0| + |a_1 z| + |a_2 z^2| + \ldots = \sum_{\nu=0}^{\infty} |a_\nu z^\nu| = \sum_{\nu=0}^{\infty} |a_\nu|\,|z|^\nu ,$$

die aus lauter positiven reellen Gliedern besteht, konvergiert. (Hierbei wurde die für alle komplexen Zahlen gültige Identität $|z_1 \cdot z_2| = |z_1| \cdot |z_2|$ benutzt). Aus der absoluten Konvergenz einer Reihe folgt umgekehrt stets auch ihre gewöhnliche Konvergenz (Majorantenkriterium).

Hieraus folgt, daß der Konvergenzbereich einer komplexen Potenzreihe eine Kreisfläche mit Mittelpunkt in $z = 0$ in der Gaußschen Ebene ist. (Nähme man nämlich eine andere Begrenzungslinie des Konvergenzbereichs als die Kreislinie an, würde man auf den Widerspruch geführt, daß es dann zu Stellen z^* der Konvergenz Stellen z mit $|z|<|z^*|$ gäbe, an denen keine Konvergenz vorliegen würde.) Den Radius ϱ dieses Kreises nennt man Konvergenzradius [2]. Er besitzt die Eigenschaft, daß die betreffende Potenzreihe für alle z im Innern des Kreises, $|z| < \varrho$, überall absolut konvergiert und überall außerhalb des Kreises, $|z| > \varrho$, divergiert. Auf dem Konvergenzkreis, $|z| = \varrho$, kann man keine allgemeingültigen Aussagen machen. Es hängt vielmehr von der speziellen Gestalt der Potenzreihe ab, ob auf dem Konvergenzkreis noch in allen, einigen oder keinen Punkten Konvergenz vorliegt.

---

[1] d.h. die Reihe besitzt für diesen Wert z^* einen wohldefinierten, endlichen Grenzwert.

[2] Seine Größe hängt von der speziellen Gestalt der Potenzreihe ab.

Da die Konvergenz der komplexen Reihe und der reellen Reihe ihrer Absolutbeträge im Innern des Konvergenzkreises gleichwertig ist, beschäftigt man sich zur Auffindung des Konvergenzradius am besten mit der zugehörigen reellen Reihe der Absolutbeträge. Es lassen sich hier alle Konvergenzkriterien aus dem Reellen übernehmen, wie z.B. Quotienten- und Wurzelkriterium und das Majorantenkriterium. Jedes Polynom in z, d.h. jede abbrechende Potenzreihe konvergiert wegen der endlichen Anzahl der Reihenglieder für alle z der Gaußschen Ebene, d.h. der Konvergenzradius ist $\varrho = \infty$.

Erweitert man die Potenzreihen „nach links" durch negative Potenzen von z: $\frac{1}{z}, \frac{1}{z^2}, \ldots\ldots$, so nennt man die erhaltenen Reihen <u>Laurent-Reihen</u>.

$$(3) \qquad f(z) = \ldots\ldots + \frac{a_{-2}}{z^2} + \frac{a_{-1}}{z} + a_0 + a_1 z + a_2 z^2 + \ldots = \sum_{\nu=-\infty}^{\infty} a_\nu z^\nu$$

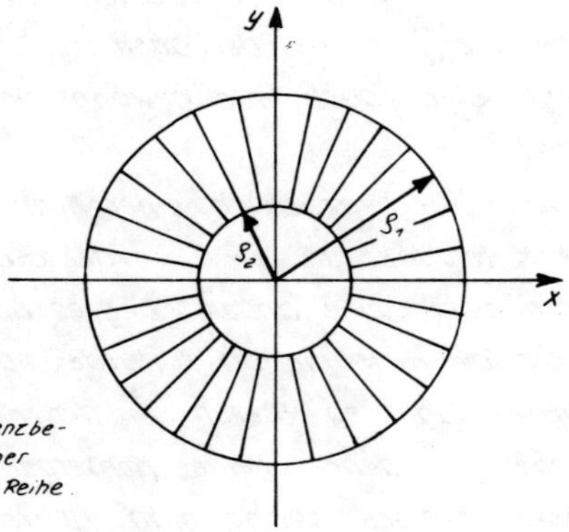

Abb. 10. Konvergenzbereich einer Laurent-Reihe.

Falls obige Reihe nach beiden Seiten nicht abbricht, konvergiert sie in einem Kreisring um den Koordinatenursprung, denn für große $|z|$ konvergiert die Reihe auf Grund der wachsenden Potenzen von z ab einer bestimmten Stelle nicht mehr (Konvergenzradius ϱ_1), für kleine z konvergiert die Reihe wegen der fallenden negativen Potenzen ab einer bestimmten Stelle nicht mehr (Konvergenzradius ϱ_2).

Die Potenzreihen sind ein Spezialfall der allgemeineren Laurent-

Reihen, wenn alle Koeffizienten a_ν mit negativem ν verschwinden. In diesem Fall ist $\varrho_2 = 0$.

„Entwickelt" man die Reihen um einen Punkt $z_0 \neq 0$, d.h. besteht die Reihe aus Potenzen von $z - z_0$ statt von z, so kann man die Konvergenzaussagen dieses Abschnitts übernehmen, wenn man sich eine Koordinatenverschiebung ausgeführt denkt, sodaß der neue Nullpunkt mit dem Entwicklungspunkt z_0 zusammenfällt. Eine Potenzreihe mit Entwicklungspunkt z_0 konvergiert absolut innerhalb eines Kreises mit Konvergenzradius ϱ um den Punkt z_0. Der Konvergenzbereich einer Laurentreihe mit Entwicklungspunkt z_0 ist ein Kreisring um den Punkt z_0. Zur Veranschaulichung kann man Abb. 10 fast getreu übernehmen, mit dem einzigen Unterschied, daß der Mittelpunkt des Kreisrings in einem Punkt $z_0 \neq 0$ liegt.

II.3. Entwicklung gebrochener Polynom-Funktionen in Laurentreihen

Die Laurentreihe (3) aus II.2. lautet für einen beliebigen Entwicklungspunkt z_0

$$f(z) = \ldots\ldots + \frac{a_{-2}}{(z-z_0)^2} + \frac{a_{-1}}{z-z_0} + a_0 + a_1(z-z_0) + a_2(z-z_0)^2 + \ldots\ldots$$

$$= \sum_{\nu=-\infty}^{\infty} a_\nu (z-z_0)^\nu$$

Für $z_0 = 0$ geht diese wieder in den Spezialfall (3) über.
Bricht die Laurentreihe von $f(z)$ nach links mit dem Glied $\frac{a_{-n}}{(z-z_0)^n}$ ab, d.h. verschwinden alle $a_{-\nu}$ mit $\nu > n$, so sagt man, die Funktion $f(z)$ habe einen <u>Pol n-ter Ordnung in z_0</u>.

z.B. stellt die Funktion $f(z) = \frac{7}{(z+2i)^2}$ selbst schon ihre zugehörige Laurentreihe mit Entwicklungspunkt $z = -2i$ dar. Sie besitzt einen Pol zweiter Ordnung in diesem Punkt.

Ist die Funktion nicht bereits in Form einer Laurentreihe gegeben, so kann man die Reihenentwicklung der Funktion durch einen passenden Ansatz und

anschließenden Koeffizientenvergleich ermitteln.
Betrachten wir speziell eine beliebige komplexe gebrochene Funktion, deren Zählerpolynom wir mit $P(z)$ und deren Nennerpolynom wir mit $Q(z)$ bezeichnen wollen. Durch Bestimmung der Nullstellen von $P(z)$ und $Q(z)$ erhalten wir die Faktorzerlegung der beiden Polynome. z_0 sei dabei eine m-fache Nullstelle des Nenners und eine n-fache Nullstelle des Zählers, $m > n \geqq 0$.
Nach Kürzen des Bruches erhalten wir folgenden Ausdruck für $f(z)$:

$$(1) \qquad f(z) = \frac{P(z)}{Q(z)} = \frac{\overline{P}(z)}{(z-z_0)^r \overline{Q}(z)}, \qquad r = m-n > 0 .$$

$\overline{P}(z)$ und $\overline{Q}(z)$ sind dabei die nach Abspaltung der Faktoren $(z-z_0)$ von $P(z)$ und $Q(z)$ verbliebenen Reste:

$$P(z) = (z-z_0)^n \, \overline{P}(z),$$
$$Q(z) = (z-z_0)^m \, \overline{Q}(z).$$

Sucht man nun nach der Laurententwicklung der Funktion bezüglich des Punktes z_0, so stellt man zunächst fest, daß $f(z)$ einen Pol r-ter Ordnung in z_0 besitzt, die Laurententwicklung also mit $\frac{a_{-r}}{(z-z_0)^r}$ abbricht[1]. Somit macht man den Ansatz:

$$(2) \qquad f(z) = \sum_{\nu=-r}^{\infty} a_\nu (z-z_0)^\nu = \frac{a_{-r}}{(z-z_0)^r} + \ldots + \frac{a_{-1}}{z-z_0} + a_0 + a_1(z-z_0) + \ldots$$

Setzt man den Ansatz auf der linken Seite von (1) ein, so erhält man nach Multiplikation mit dem Nenner:

$$(z-z_0)^r \cdot \sum_{\nu=-r}^{\infty} a_\nu (z-z_0)^\nu \, \overline{Q}(z) = \overline{P}(z)$$

Führt man links das Produkt mit der Reihe gliedweise aus[2], so verschwinden die negativen Potenzen von $(z-z_0)$ und man erhält

$$(3) \qquad \left[a_{-r} + a_{-r+1}(z-z_0) + \ldots + a_{-1}(z-z_0)^{r-1} + a_0(z-z_0)^r + a_1(z-z_0)^{r+1} + \ldots\right] \cdot \overline{Q}(z) = \overline{P}(z)$$

Um die unbekannten Koeffizienten zu ermitteln, muß man zunächst das Produkt der Reihe mit $\overline{Q}(z)$ ausführen und dann auf beiden

---

1) Aus der Darstellung (1) von $f(z)$ erhält man, daß der Grenzwert $\lim_{z \to z_0} (z-z_0)^r f(z)$ einen endlichen Wert besitzt. Da dies dann auch für die Laurententwicklung von $f(z)$ erfüllt sein muß, folgt, daß die Reihe nach links mit $\frac{a_{-r}}{(z-z_0)^r}$ abbricht.

2) diese Operation ist innerhalb des Konvergenzbereichs gestattet.

Seiten der Gleichung die Koeffizienten der entsprechenden Potenzen von $(z-z_0)$ miteinander vergleichen. Da $\overline{Q}(z)$ und $\overline{P}(z)$ den Ausdruck $z-z_0$ nicht explizit enthalten, sondern als Funktionen von z aufgeschrieben sind, empfiehlt es sich, vor dem Koeffizientenvergleich die Substitution

$$(4) \qquad z - z_0 \longrightarrow z$$

durchzuführen, die einer Koordinatentransformation entspricht, wobei der neue Koordinatenursprung mit dem Punkt z_0 zusammenfällt.

Dann erhält man aus (3):

$$(5) \left[a_{-r}+a_{-r+1}\cdot z+\ldots a_{-1}\cdot z^{r-1}+a_0\cdot z^r+a_1\cdot z^{r+1}+\ldots\right]\cdot\overline{Q}(z+z_0)=\overline{P}(z+z_0).$$

In dieser Form läßt sich der Koeffizientenvergleich leichter durchführen, indem man auf beiden Seiten die Potenzen von z miteinander vergleicht. Ist der Entwicklungspunkt speziell

$$z_0 = 0,$$

so entfällt die Transformation (4).

Zur Übung des Verfahrens beachte man die Aufgaben 24 und 25 am Ende des Kapitels.

II.4. Die Exponentialfunktion

Die Exponentialfunktion wird analog zum Reellen definiert durch die Potenzreihe

$$(1) \qquad e^z = 1 + \frac{z}{1!} + \frac{z^2}{2!} + \ldots\ldots = \sum_{\nu=0}^{\infty} \frac{z^\nu}{\nu!}.$$

Auf Grund der Konvergenz der Exponentialreihe für alle reellen Werte folgt aus der Kreisförmigkeit des Konvergenzbereichs, daß obige Reihe in der ganzen Gaußschen Ebene konvergiert, die Exponentialfunktion also durch ihre Reihendarstellung für alle komplexen Zahlen z definiert ist.

Wählt man z speziell rein imaginär,

$$z = i\varphi,$$

so läßt sich nun die Eulersche Identität

$$e^{i\varphi} = \cos\varphi + i\sin\varphi ,$$

die schon in I.4. benutzt wurde, nachweisen.

Nach obiger Definition erhält man

$$e^{i\varphi} = \sum_{\nu=0}^{\infty} \frac{(i\varphi)^\nu}{\nu!} = 1 + i\frac{\varphi}{1!} - \frac{\varphi^2}{2!} - i\frac{\varphi^3}{3!} + \frac{\varphi^4}{4!} + i\frac{\varphi^5}{5!} - \frac{\varphi^6}{6!} - i\frac{\varphi^7}{7!} + \ldots.$$

Wegen der absoluten Konvergenz ist das Umordnen der Reihe erlaubt:

$$(2)\quad e^{i\varphi} = \left(1 - \frac{\varphi^2}{2!} + \frac{\varphi^4}{4!} - \frac{\varphi^6}{6!} + \ldots\right) + i\left(\frac{\varphi}{1!} - \frac{\varphi^3}{3!} + \frac{\varphi^5}{5!} - \frac{\varphi^7}{7!} + \ldots\right)$$

$$= \sum_{\nu=0}^{\infty} (-1)^\nu \frac{\varphi^{2\nu}}{(2\nu)!} + i\sum_{\nu=0}^{\infty} (-1)^\nu \frac{\varphi^{2\nu+1}}{(2\nu+1)!}$$

Die erste Reihe ist die aus dem Reellen bekannte Cosinus-Reihe, die zweite Reihe ist die Sinus-Reihe.

Im Komplexen gilt wie im Reellen das Additionstheorem der Exponentialfunktion. (Der Beweis erfolgt wie im Reellen durch Vergleich des Produkts der beiden Reihen auf der rechten Seite mit der Reihe für $e^{z_1 + z_2}$.)

$$e^{z_1 + z_2} = e^{z_1} \cdot e^{z_2}$$

Daraus erhält man die Zerlegung

$$(3)\qquad e^z = e^{x+iy} = e^x e^{iy} = e^x(\cos y + i\sin y).$$

Mit Hilfe dieser Gleichung lassen sich wichtige Rückschlüsse auf den Verlauf der Exponentialfunktion in der Gaußschen Ebene ziehen.

a) Nullstellen

Wir untersuchen nun, ob die Exponentialfunktion im Komplexen Nullstellen besitzt. Angenommen, z sei eine solche, dann folgt aus (3):

$$e^x(\cos y + i\sin y) = 0 .$$

Da aber die e-Funktion im Reellen keine Nullstellen besitzt, folgt

$$\cos y + i\sin y = 0 .$$

Zur Erfüllung dieser Gleichung müssen Real- und Imaginärteil einzeln verschwinden,

$$\cos y = 0 \qquad \text{und} \qquad \sin y = 0 .$$

Da aber die Cosinus- und Sinusfunktion keine gemeinsamen Nullstellen besitzen, folgt, daß die e-Funktion in der ganzen Gaußschen Ebene nullstellenfrei ist.

b) Periodizität

Wir untersuchen nun, ob die e-Funktion eine periodische Funktion ist.

Angenommen, p sei ihre Periode, wobei p eine komplexe Zahl ist. Dann muß für alle komplexen Zahlen z die Gleichung gelten

$$e^{z+kp} = e^{z},$$

wobei $k \cdot p$ irgendein ganzzahliges Vielfaches von p ist. Daraus folgt auf Grund des Additionstheorems

$$e^{k \cdot p} = 1$$

Verwendet man hier wieder Gleichung (3), so erhält man

$$e^{x}(\cos y + i \sin y) = 1$$

mit

$$k \cdot p = x + iy .$$

Da die rechte Seite der Gleichung rein reell ist, folgt:

$$\sin y = 0, \quad \text{d.h.} \quad y = \pm n\pi \quad \text{mit} \quad n = 0, 1, 2, \ldots$$

Dies in die vorige Gleichung eingesetzt ergibt

$$e^{x} \cdot (-1)^{n} = 1 .$$

Wegen $e^{x} > 0$ erhält man die beiden Aussagen

$$n = 0, 2, 4, \ldots \quad , \quad x = 0 .$$

Die Periode der Funktion e^{z} ist die kleinste dieser Zahlen:

$$p = 2\pi i .$$

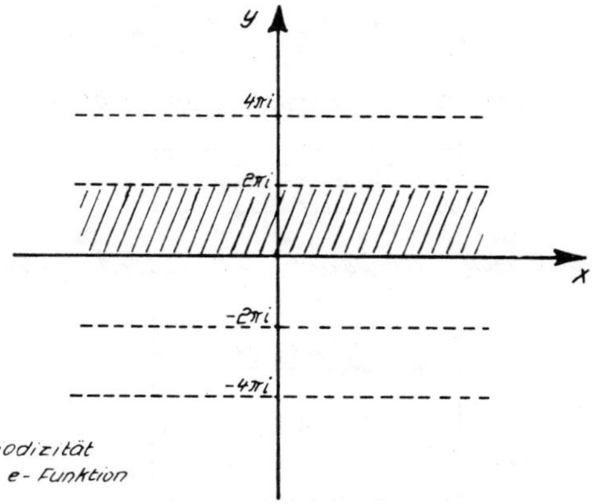

Abb. 11. Periodizität der e-Funktion

Die Exponentialfunktion besitzt also eine imaginäre Periode. Das bedeutet, daß sich die Funktionswerte im Streifen zwischen der reellen Achse und der Geraden $z = 2\pi i$ in den folgenden parallelen

Streifen immer wieder wiederholen (s. Abb. 11), während entlang der reellen Achse jedoch keine Wiederholungen auftreten; die Exponentialfunktion ist im Reellen nicht periodisch.

II.5. Die Cosinus- und Sinusfunktion

Die Aufspaltung der Reihe $e^{i\varphi}$ in die Cosinus- und die Sinusreihe, wie sie in II.4. vorgenommen wurde, ist auch für e^{iz} mit komplexem z noch richtig (vergleiche Gleichung (2) aus II.4.), wenn man die Cosinus- und Sinusreihe wie im Reellen definiert:

$$\cos z = \sum_{\nu=0}^{\infty} (-1)^\nu \frac{z^{2\nu}}{(2\nu)!} = 1 - \frac{z^2}{2!} + \frac{z^4}{4!} - + \ldots\ldots ,$$

$$\sin z = \sum_{\nu=0}^{\infty} (-1)^\nu \frac{z^{2\nu+1}}{(2\nu+1)!} = z - \frac{z^3}{3!} + \frac{z^5}{5!} - + \ldots\ldots .$$

Wieder folgt, daß die beiden Reihen in der ganzen komplexen Ebene konvergieren, weil sie für alle reellen z konvergent sind. So erhält man die auf der Aufspaltung der Exponentialreihe beruhende, für alle komplexen z gültige Zerlegung:

$$\boxed{e^{iz} = \cos z + i \sin z .}$$

Ersetzt man hier z durch $-z$, erhält man eine zweite Gleichung:

$$\boxed{e^{-iz} = \cos z - i \sin z .}$$

Addition bzw. Subtraktion der beiden Gleichungen ergibt die Identitäten:

$$\cos z = \frac{e^{iz} + e^{-iz}}{2} , \qquad (1)$$

$$\sin z = \frac{e^{iz} - e^{-iz}}{2i} . \qquad (2)$$

Wir wollen nun die Cosinus- und Sinusfunktion im Komplexen, ähnlich wie das zuvor in II.4. für die e-Funktion geschehen ist, auf Null-

stellen und Periodizitätseigenschaften untersuchen.
Die reellen Nullstellen der Cosinusfunktion $\pm\frac{\pi}{2}, \pm\frac{3\pi}{2}, \pm\frac{5\pi}{2}, \ldots,$ und der Sinusfunktion, $0, \pm\pi, \pm 2\pi, \ldots,$ sind bereits bekannt. Die Frage ist, ob die beiden trigonometrischen Funktionen weitere komplexe Nullstellen besitzen.
Benutzt werden hierbei die Gleichungen (1) und (2) dieses Abschnitts. Zur Ermittlung irgendeiner komplexen Nullstelle der Sinusfunktion setzt man an

$$\sin z = 0 .$$

Daraus folgt mit (2):

$$e^{iz} = e^{-iz}$$

bzw. nach Multiplikation mit e^{iz}

$$e^{2iz} = 1 .$$

Zerlegt man $e^{2iz} = e^{2(-y+ix)}$ nach dem Muster der Gleichung (3) aus II. 4., so erhält man

$$e^{-2y}(\cos 2x + i\sin 2x) = 1 .$$

Daraus folgt, daß der Imaginärteil von e^{2iz} verschwinden muß.

$$\sin 2x = 0 \quad \curvearrowright \quad x = 0, \pm\frac{\pi}{2}, \pm\pi, \pm\frac{3\pi}{2}, \ldots$$

Der Realteil $e^{-2y}\cos 2x$ muß den Wert 1 besitzen. Da $\cos 2x$ für die obige Auswahl der x-Werte stets 1 oder -1 ist, e^{-2y} für alle y aber stets positiv ist, folgt, daß nur solche x-Werte in Frage kommen, für die $\cos 2x$ den Wert 1 hat, d.h.

$$x = 0, \pm\pi, \pm 2\pi, \ldots$$

Es folgt, daß dann e^{-2y} ebenfalls den Wert 1 haben muß, d.h.

$$y = 0 .$$

Wir haben also gezeigt, daß, falls z eine Nullstelle der Sinusfunktion ist, ihr Imaginärteil y stets verschwinden muß. Das bedeutet, daß $\sin z$ nur die bereits aus dem Reellen bekannten Nullstellen

$$z = 0, \pm\pi, \pm 2\pi, \ldots$$

besitzt und keine weiteren.

Als nächstes wenden wir uns der Frage der Periodizität der Sinusfunktion im Komplexen zu.
p sei ihre komplexe Periode, d.h.

$$\sin(z+kp) = \sin z \ .$$

Mit (2) folgt dann

$$e^{i(z+kp)} - e^{-i(z+kp)} = e^{iz} - e^{-iz} \ .$$

Durch Umwandlung erhält man

$$(*) \qquad e^{iz}(e^{ikp}-1) = e^{-iz}(e^{-ikp}-1)$$

Die Gleichung muß für alle z insbesondere für $z=0$ erfüllt sein. Daraus erhält man

$$e^{ik\cdot p} = e^{-ikp} \curvearrowright \quad e^{2ik\cdot p} = 1 \ .$$

Bei der Berechnung der Nullstellen der Sinusfunktion hatte sich ergeben, daß die letzte Gleichung nur von den reellen Zahlen $0, \pm\pi, \pm 2\pi, \ldots$ erfüllt wird.

Wählt man nun in Gleichung (*) $z \neq 0$ so, daß $e^{iz} \neq e^{-iz}$, so folgt, daß nur die Zahlen $0, \pm 2\pi, \pm 4\pi, \ldots$ für $k\cdot p$ in Frage kommen, für die $e^{ikp} = e^{-ikp} = 1$ wird, da sonst die beiden Seiten nicht übereinstimmen.

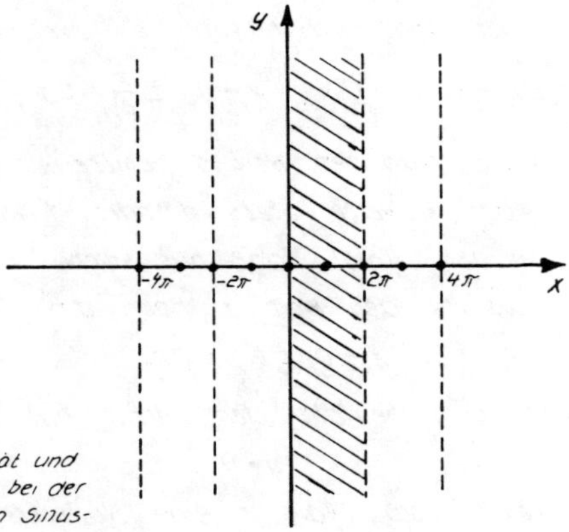

Abb. 12. Periodizität und Nullstellen bei der komplexen Sinusfunktion

Das bedeutet, daß die Sinusfunktion die aus dem Reellen bekannte Periode 2π in der ganzen komplexen Ebene besitzt. Abb. 12. stellt die Streifen der Sinusfunktion, die sich periodisch wiederholen, und die Lage ihrer Nullstellen dar.

Analog zeigt man unter Verwendung von Gleichung (1), daß auch die Cosinusfunktion im Komplexen genau die Periode und

Nullstellen besitzt, die bereits aus dem Reellen bekannt sind.

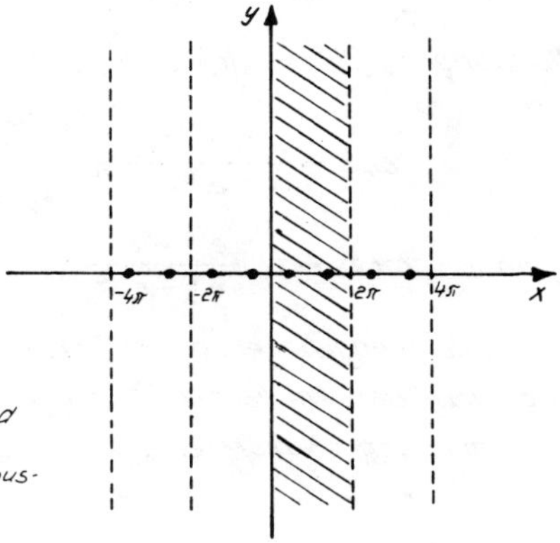

Abb. 13. Periodizität und Nullstellen der komplexen Cosinusfunktion.

Sehr leicht weist man noch nach, daß die Symmetrien der Sinus- und Cosinusfunktion im Reellen auch im Komplexen erhalten bleiben. Die Cosinusfunktion ist eine „gerade Funktion" bezüglich des Nullpunkts (Achsensymmetrie im Reellen), denn es gilt auf Grund von (1)

$$\cos(-z) = \cos z \quad .$$

Auf Grund der Periodizität ist cos z automatisch auch gerade bezüglich der Punkte $\pm 2\pi, \pm 4\pi, \ldots$.

Die Sinusfunktion hingegen ist „ungerade" bzgl. $z = 0$, also auch bzgl. $z = \pm 2\pi, \pm 4\pi$ (Punktsymmetrie im Reellen), denn es gilt auf Grund des in (2) auftretenden Minuszeichens

$$\sin(-z) = -\sin z$$

II.6. Die Tangens- und Cotangensfunktion

Der komplexe Tangens und Cotangens sind wie gewohnt als Quotienten der Sinus- und Cosinusfunktion definiert:

$$\tan z = \frac{\sin z}{\cos z}$$

$$\text{und} \qquad \cot z = \frac{\cos z}{\sin z} .$$

Mit Hilfe der Gleichungen (1) und (2) aus II.5. läßt sich dies auch schreiben als

$$\tan z = -i \frac{e^{iz} - e^{-iz}}{e^{iz} + e^{-iz}}$$

$$\text{und} \qquad \cot z = i \frac{e^{iz} + e^{-iz}}{e^{iz} - e^{-iz}} .$$

Aus den Definitionsgleichungen entnimmt man sofort, daß die Nullstellen von $\tan z$ mit den Nullstellen von $\sin z$ und die Polstellen von $\tan z$ mit den Nullstellen von $\cos z$ zusammenfallen.

II.7. Die Hyperbelfunktionen

Analog zu den Gleichungen (1) und (2) in I.5. für den Sinus und Cosinus erklärt man den Hyperbelcosinus und Hyperbelsinus durch folgende Ausdrücke

(1) $$\cosh z = \frac{e^{z} + e^{-z}}{2} ,$$

(2) $$\sinh z = \frac{e^{z} - e^{-z}}{2} .$$

Stellt man die Reihe (1) der e-Funktion aus II.4. einmal für z und dann für −z auf und überlagert die beiden, so erhält man die Reihendarstellungen der beiden Funktionen analog zum Reellen:

$$\cosh z = 1 + \frac{z^2}{2!} + \frac{z^4}{4!} + \dots = \sum_{\nu=0}^{\infty} \frac{z^{2\nu}}{(2\nu)!} ,$$

$$\sinh z = \frac{z}{1!} + \frac{z^3}{3!} + \frac{z^5}{5!} + \dots = \sum_{\nu=0}^{\infty} \frac{z^{2\nu+1}}{(2\nu+1)!} .$$

Die beiden Reihen sind ebenfalls für alle z der Gaußschen Ebene konvergent, da sie für alle reellen z konvergieren.
Ihre Verwandtschaft mit den Reihen der trigonometrischen Sinus- und Cosinusfunktion tritt deutlich zutage. Sie unterscheiden sich

lediglich im Vorzeichen der Reihenglieder. Den Definitionen (1) und (2) entnimmt man, daß die Hyperbelfunktionen die imaginäre Periode $2\pi i$ besitzen. Die Nullstellen des Hyperbelsinus liegen bei $z = \pm in\pi$. Dort nimmt cos z die Werte 1 oder −1 an. Die Nullstellen des Hyperbelcosinus liegen bei $z = \pm i\frac{(2n+1)\pi}{2}$ (vgl. 14. Aufgabe).
Weiterhin erkennt man sofort folgende Symmetrieeigenschaften:

$\cosh(-z) = \cosh z$, d.h. cosh z ist gerade bezüglich des Ursprungs,

und $\sinh(-z) = -\sinh z$, d.h. sinh z ist ungerade bezüglich des Ursprungs.

Analog zu der trigonometrischen Tangens- und Cotangensfunktion erklärt man den Hyperbeltangens und -cotangens:

$$\tanh z = \frac{\sinh z}{\cosh z},$$

$$\coth z = \frac{\cosh z}{\sinh z}.$$

II. 8. Umkehrfunktionen

Gegeben ist eine Funktion

$$\xi = f(z),$$

sodaß jedem z des Definitionsbereichs ein Funktionswert ξ zugeordnet ist. Dann nennt man die Funktion

$$z = g(\xi),$$

die umgekehrt jedem Bildpunkt ξ des Wertebereichs der Funktion f den zugehörigen Urbildpunkt z zuordnet, die <u>Umkehrfunktion</u> zu f.

Setzt man in die Umkehrfunktion für ξ wieder f(z) ein, so erhält man die für alle Umkehrfunktionen gültige Beziehung

$$g(f(z)) = z \quad (1)$$

Anschaulich bedeutet das, daß man bei der Hintereinanderausführung der beiden Abbildungen f und g wieder zum Ausgangspunkt z zurückkommt

Gleichung (1) entnimmt man, daß der Wertebereich von f mit dem Definitionsbereich von g übereinstimmt und umgekehrt.

Die Umkehrfunktionen der trigonometrischen Funktionen $\cos z$, $\sin z$, $\tan z$, $\cot z$ lauten: $\operatorname{arc}\cos z$, $\operatorname{arc}\sin z$, $\operatorname{arc}\tan z$, $\operatorname{arc}\cot z$. Während die trigonometrischen Funktionen alle eindeutig sind, d.h. jedem z ist genau ein Funktionswert zugeordnet, sind ihre Umkehrfunktionen von Natur aus unendlich vieldeutig, da z.B. einem Wert $\cos z$ auf Grund der Periodizität der Punkt z sowohl als auch die Punkte $z \pm 2\pi$, $z \pm 4\pi$, ... zugeordnet sind. Um auch die Umkehrfunktionen zu eindeutigen Funktionen zu machen, muß man sich bei den trigonometrischen Funktionen wie auch den hyperbolischen Funktionen auf ihre „Hauptwerte" beschränken, d.h. auf den jeweils betraglich kleinsten Wert von z.

II.9. Der Logarithmus als Umkehrfunktion der Exponentialfunktion

Der komplexe Logarithmus ist als Umkehrfunktion der e-Funktion durch die Gleichung

$$\ln(e^z) = z$$

definiert.

Wegen

$$e^z = e^x(\cos y + i \sin y)$$

kann die für alle komplexen z erklärte Exponentialfunktion alle Werte außer Null annehmen. Das bedeutet, daß $z = 0$ als einziger Punkt der komplexen Ebene nicht zum Definitionsbereich des komplexen Logarithmus gehört.

Aus dem Additionstheorem für die e-Funktion folgt das Additionstheorem des Logarithmus.

$$e^{z_1} \cdot e^{z_2} = e^{z_1 + z_2}$$

Wendet man auf diese Gleichung die Umkehrfunktion an, so erhält man

$$\ln(e^{z_1} \cdot e^{z_2}) = \ln(e^{z_1+z_2}) = z_1 + z_2 = \ln e^{z_1} + \ln e^{z_2} .$$

Also gilt für den Logarithmus das aus dem Reellen bekannte Additionstheorem auch im Komplexen:

(1) $$\ln(z_1 \cdot z_2) = \ln z_1 + \ln z_2 .$$

Es wurde benutzt, daß e^{z_1} und e^{z_2} zwei beliebige von Null verschiedene komplexe Zahlen sind, die man einfach in z_1 und z_2 umbenennen kann.

Das Additionstheorem kann man dazu verwenden, $\ln z$ in Real- und Imaginärteil zu zerlegen:

$$\ln z = \ln(r \cdot e^{i\varphi}) = \ln r + \ln e^{i\varphi} = \ln r + i\varphi$$

(2) $$\boxed{\ln z = \ln r + i\varphi}$$

Auch an dieser Gleichung erkennt man, daß der Logarithmus im Komplexen für alle z der Gaußschen Ebene mit Ausnahme des Nullpunkts $(r = 0)$ definiert ist. Rein reell wird der Logarithmus nur für Punkte auf der reellen Achse mit $x > 0$, $(\varphi = 0)$.
Da jedem Punkt der Gaußschen Ebene eindeutig ein Wertepaar von Polarkoordinaten (r, φ) zugeordnet ist, folgt, daß der Logarithmus eine eindeutige Funktion ist, wenn φ stets zwischen 0 und 2π liegt.
Stellt man sich aber vor, etwa auf einem Kreis in der Gaußschen Ebene, beginnend auf der reellen Achse einen vollen Umlauf um den Punkt $z = 0$ ausgeführt zu haben und setzt dann die Bewegung weiter fort zu einem zweiten und dann auch dritten Umlauf, so erhält man Werte des Polarwinkels φ, die größer als 2π sind. Für $\ln z$ erhält man in ein und demselben Punkt der Gaußschen Ebene verschiedene Funktionswerte, die sich um Vielfache von $2\pi i$ unterscheiden, je nach dem, auf dem wievielten Umlauf man sich gerade befindet.

Um den Logarithmus zu einer eindeutigen Funktion zu machen, muß man sich auch hier auf Hauptwerte $0 \leq \varphi < 2\pi$ beschränken. Verzichtet man auf diese Einschränkung, so muß man wieder einen Verzweigungsschnitt in der Gaußschen Ebene anlegen, etwa entlang der positiven reellen Achse. Dann denkt man sich die

Gaußsche Ebene entlang dieser Halbgeraden aufgeschnitten ; und jedesmal wenn man die positive reelle Achse überschreitet , steigt man in ein neues Niveau der Gaußschen Ebene auf, auf dem sich die Funktionswerte von dem Funktionswert im zugehörigen Punkt der vorangegangenen Ebene um $2\pi i$ unterscheiden .

Man verlangt , daß die Rechenregel für die Exponentialfunktion

$$(e^z)^k = e^{k \cdot z}$$

nicht nur für rationale, sondern für alle reellen Exponenten k Gültigkeit besitzen soll. So erhält man durch Logarithmieren der Gleichung die entsprechende Formel für den Logarithmus

$$\ln z^k = k \cdot \ln z \ .$$

Dadurch wird der Zusammenhang mit I.6. hergestellt , wo die Potenzen von z mit reellem Exponent in Analogie zu rationalen Exponenten erklärt wurden .

$$z^\varrho = e^{\varrho(\ln r + i\varphi)} = e^{\varrho \ln r} e^{i\varrho\varphi} = r^\varrho(\cos \varrho\varphi + i \sin \varrho\varphi) \ .$$

II. 10. Aufgaben zu Kapitel II

1. Aufgabe :

Man diskutiere die Verzweigungsschnitte der Funktion $\sqrt[3]{z}$ in der Gaußschen Ebene .

Lösung :

Unter der $\sqrt[3]{z}$ versteht man die komplexe Zahl $\sqrt[3]{r}\, e^{i\frac{\varphi}{3}}$, wenn $z = re^{i\varphi}$ ist .

Durchläuft der Winkel φ in z einmal die Werte von 0 bis 2π , so läuft der Polarwinkel der dritten Wurzel nur von Null bis $\frac{2\pi}{3}$.

Zählt man φ nun über 2π hinaus , so erhält man beim zweiten Umlauf Polarwinkel von $\sqrt[3]{z}$ zwischen $\frac{2\pi}{3}$ und $\frac{4\pi}{3}$. Der dritte Umlauf $4\pi \leq \varphi \leq 6\pi$ erzeugt Polarwinkel von $\frac{4\pi}{3}$ bis 2π bei der Funktion $\sqrt[3]{z}$ und schließt so wieder an den ersten Umlauf an . Man durchläuft für z die Gaußsche Ebene in drei Niveaus bezüglich der dritten Wurzel . Nach dem dritten kehrt man wieder ins erste Niveau zurück. Der Übergang von einem Niveau ins andere erfolgt entlang der positiv reellen Achse, die somit ein Verzweigungsschnitt der Funktion $\sqrt[3]{z}$ ist. Der Verzweigungspunkt $z = 0$ gehört allen Niveaus gleichzeitig an

2. Aufgabe :

Man leite rückwärts noch einmal das Additionstheorem der e-Funktion aus der spezielleren Gleichung (3) aus II.4. her.

Lösung :

Auf Grund von Gleichung (3) gilt :

$$e^z = e^x(\cos y + i \sin y)$$

Man erhält hieraus :

$$\begin{aligned} e^{z_1} \cdot e^{z_2} &= e^{x_1}(\cos y_1 + i \sin y_1) \cdot e^{x_2}(\cos y_2 + i \sin y_2) \\ &= e^{x_1} e^{x_2} \{\cos y_1 \cos y_2 - \sin y_1 \sin y_2 + i(\sin y_1 \cos y_2 + \sin y_2 \cos y_1)\} \\ &= e^{x_1 + x_2}\{\cos(y_1 + y_2) + i \sin(y_1 + y_2)\} \\ &= e^{z_1 + z_2} \end{aligned}$$

3. Aufgabe :

Man leite die Reihenentwicklung von $\tan z$ her und bestimme die Koeffizienten bis zu Gliedern 5. Ordnung einschließlich .

Lösung :

$$\tan z = \frac{\sin z}{\cos z} = \frac{\sum\limits_{\nu=0}^{\infty} (-1)^\nu \frac{z^{2\nu+1}}{(2\nu+1)!}}{\sum\limits_{\nu=0}^{\infty} (-1)^\nu \frac{z^{2\nu}}{(2\nu)!}}$$

Man macht den Ansatz $\tan z = \sum\limits_{\nu=0}^{\infty} a_\nu z^\nu$

und multipliziert obige Gleichung mit $\cos z$

$$\sum_{\nu=0}^{\infty} (a_\nu z^\nu) \sum_{\nu=0}^{\infty} (-1)^\nu \frac{z^{2\nu}}{(2\nu)!} = \sum_{\nu=0}^{\infty} (-1)^\nu \frac{z^{2\nu+1}}{(2\nu+1)!}$$

Die beiden Reihen auf der linken Seite der Gleichung dürfen unter der Annahme absoluter Konvergenz der Tangensreihe gliedweise multipliziert werden .

$$(a_0+a_1z+a_2z^2+a_3z^3+a_4z^4+\dots)\left(1-\frac{z^2}{2!}+\frac{z^4}{4!}-+\dots\right)$$

$$= a_0+a_1z+z^2\left(a_2-\frac{a_0}{2!}\right)+z^3\left(a_3-\frac{a_1}{2!}\right)+z^4\left(a_4-\frac{a_2}{2!}+\frac{a_0}{4!}\right)+z^5\left(a_5-\frac{a_3}{2!}+\frac{a_1}{4!}\right)+\dots$$

Nun führt man den Koeffizientenvergleich mit der rechten Seite der Gleichung durch. Man erhält

z^0: $a_0 = 0$

z^1: $a_1 = \frac{1}{1!} = 1$

z^2: $a_2 - \frac{a_0}{2!} = 0 \curvearrowright a_2 = 0$

z^3: $a_3 - \frac{a_1}{2!} = -\frac{1}{3!} \curvearrowright a_3 = \frac{a_1}{2} - \frac{1}{6} = \frac{1}{3}$

z^4: $a_4 - \frac{a_2}{2!} + \frac{a_0}{4!} = 0 \curvearrowright a_4 = 0$

z^5: $a_5 - \frac{a_3}{2!} + \frac{a_1}{4!} = \frac{1}{5!} \curvearrowright a_5 = \frac{a_3}{2!} - \frac{a_1}{4!} + \frac{1}{5!} = \frac{1}{6} - \frac{1}{24} + \frac{1}{120} = \frac{2}{15}$

Die Koeffizienten der geraden Potenzen werden offenbar alle Null. Man erhält den Anfang der Reihenentwicklung

$$\tan z = z + \frac{1}{3}z^3 + \frac{2}{15}z^5 + \dots$$

4. Aufgabe :

Man leite das Additionstheorem der e-Funktion aus ihrer Reihenentwicklung ab.

Lösung :

$$e^{z_1}\cdot e^{z_2} = \left(1+\frac{z_1}{1!}+\frac{z_1^2}{2!}+\dots\right)\cdot\left(1+\frac{z_2}{1!}+\frac{z_2^2}{2!}+\dots\right)$$

Auf Grund der absoluten Konvergenz der e-Funktion ist es erlaubt, die Reihen gliedweise auszumultiplizieren. Faßt man das Produkt nach Gesamtpotenzen von z_1 und z_2 zusammen, so erhält man :

$$e^{z_1}\cdot e^{z_2} = 1+\left(\frac{z_1}{1!}+\frac{z_2}{1!}\right)+\left(\frac{z_1^2}{2!}+\frac{z_1 z_2}{1!\,1!}+\frac{z_2^2}{2!}\right)+\left(\frac{z_1^3}{3!}+\frac{z_1^2 z_2}{2!\,1!}+\frac{z_1 z_2^2}{1!\,2!}+\frac{z_2^3}{3!}\right)+$$

$$+\left(\frac{z_1^4}{4!}+\frac{z_1^3 z_2}{3!\,1!}+\frac{z_1^2 z_2^2}{2!\,2!}+\frac{z_1 z_2^3}{1!\,3!}+\frac{z_2^4}{4!}\right)+\dots$$

$$= 1+\frac{z_1+z_2}{1!}+\frac{z_1^2+2z_1z_2+z_2^2}{2!}+\frac{z_1^3+3z_1^2z_2+3z_1z_2^2+z_2^3}{3!}+$$

$$+ \frac{z_1^4 + 4z_1^3 z_2 + 6z_1^2 z_2^2 + 4z_1 z_2^3 + z_2^4}{4!} + \dots$$

$$= 1 + \frac{z_1 + z_2}{1!} + \frac{(z_1+z_2)^2}{2!} + \frac{(z_1+z_2)^3}{3!} + \frac{(z_1+z_2)^4}{4!} + \dots$$

$$= e^{z_1 + z_2}$$

5. Aufgabe :

Ergänzend zu II.5. berechne man die Nullstellen von $\cos z$.

Lösung :

$\cos z = 0 \quad \curvearrowright \quad e^{iz} = -e^{-iz} \quad \curvearrowright \quad e^{2iz} = -1$

d.h. : $\quad e^{-2y}(\cos 2x + i \sin 2x) = -1$

Durch Vergleich von Real- und Jmaginärteil der Gleichung erhält man die Nullstellen

$$y = 0, \qquad 2x = \pm(2n+1)\pi$$

$$x = \pm \frac{(2n+1)\pi}{2}$$

6. Aufgabe :

Ebenfalls ergänzend zu II.5. berechne man die Periode von $\cos z$.

Lösung :

Die Periode sei p. Dann gilt

$$\cos(z + kp) = \cos z \quad \text{für alle } z.$$

$$\curvearrowright \quad e^{iz}(e^{ikp} - 1) = -e^{-iz}(e^{-ikp} - 1)$$

Für beliebige z muß gelten, da $e^{iz} \neq -e^{-iz}$

$$e^{ik \cdot p} = 1 \quad \text{und} \quad e^{-ikp} = 1 \quad .$$

Daraus folgt $k \cdot p = 0, \pm 2\pi, \pm 4\pi, \dots$

Die Periode des $\cos z$ beträgt also 2π.

7. Aufgabe :

Man leite den aus dem Reellen her bekannten Zusammenhang

zwischen Sinus- und Cosinusfunktion

$$\cos\left(\frac{\pi}{2}-z\right) = \sin z$$

nun auch im Komplexen her.

<u>Lösung</u>:

Mit Gleichung (1) aus II.5. erhält man:

$$\cos\left(\frac{\pi}{2}-z\right) = \frac{e^{i\frac{\pi}{2}}e^{-iz}+e^{-\frac{i\pi}{2}}e^{iz}}{2} = \frac{i}{2}\left(e^{-iz}-e^{iz}\right) = \frac{e^{iz}-e^{-iz}}{2i} = \sin z$$

<u>8. Aufgabe</u>:

Man zerlege $\cos z$ und $\sin z$ in Real- und Imaginärteil. Was erhält man speziell für $z = x+iy$ mit $x = n\pi$?

<u>Lösung</u>:

Mit Gleichung (1) aus II.5. folgt:

$$\cos z = \cos(x+iy) = \frac{1}{2}\left\{e^{-y}(\cos x + i\sin x) + e^{y}(\cos x - i\sin x)\right\}$$

$$= \cos x\,\frac{e^{y}+e^{-y}}{2} + i\sin x\,\frac{e^{-y}-e^{y}}{2}$$

$$\boxed{\cos z = \cos x\cosh y - i\sin x\sinh y}$$

Mit Gleichung (2) aus II.5. folgt:

$$\sin z = \sin(x+iy) = \frac{1}{2i}\left\{e^{-y}(\cos x + i\sin x) - e^{y}(\cos x - i\sin x)\right\}$$

$$= \sin x\,\frac{e^{y}+e^{-y}}{2} + i\cos x\,\frac{e^{y}-e^{-y}}{2}$$

$$\boxed{\sin z = \sin x\cosh y + i\cos x\sinh y}$$

Das Ergebnis kann man sich daran merken, daß man zur Zerlegung von $\cos z$ bzw. $\sin z$ das Additionstheorem aus dem Reellen anwenden kann (siehe auch Aufgabe 15), wobei man folgenden Zusammenhang beachten muß:

$$\boxed{\begin{aligned}\cos iy &= \cosh y\\ \text{und}\quad \sin iy &= i\sinh y\,.\end{aligned}}$$

Diese beiden Gleichungen bestätigt man sofort, wenn man iy in die Reihe für $\cos z$ bzw. $\sin z$ oder in Gleichung (1) oder (2) aus II.5. einsetzt. Die Verallgemeinerung erhält man nun aus den beiden ermittelten Gleichungen

$$\cos(n\pi + iy) = (-1)^n \cosh y$$
$$\sin(n\pi + iy) = i(-1)^n \sinh y$$

9. Aufgabe :

Mit Hilfe der Ergebnisse aus Aufgabe 8 leite man noch einmal Nullstellen und Periode der Funktionen $\cos z$ und $\sin z$ her.

Lösung :

a) Nullstellen :

$\cos z = 0 \quad \curvearrowright \quad \cos x \cosh y = 0, \quad \sin x \sinh y = 0$

Aus der ersten Gleichung folgt $\cos x = 0$, d.h. $x = \pm\frac{(2n+1)\pi}{2}$, da $\cosh y$ für alle y ungleich Null ist.

Dann folgt aber aus der zweiten Gleichung $\sinh y = 0$, d.h. $y = 0$.

Also erhält man für die Nullstellen von $\cos z$:

$$z = \pm\frac{(2n+1)\pi}{2}$$

$\sin z = 0 \quad \curvearrowright \quad \sin x \cosh y = 0 \quad$ und $\quad \cos x \sinh y = 0$

$\curvearrowright \quad \sin x = 0$, d.h. $x = \pm n\pi \quad \curvearrowright \quad \sinh y = 0$

$z = \pm n\pi$

b) Periode :

Die Periode sei $p = q + ir$:

$\cos(z+p) = \cos z$.

$\curvearrowright \quad \cos(x+q)\cosh(y+r) = \cos x \cosh y \quad$ und

$\sin(x+q)\sinh(y+r) = \sin x \sinh y$.

Da die Gleichungen für alle x und y richtig sein sollen und die Hyperbelfunktionen im Reellen nicht periodisch sind, folgt aus der ersten Gleichung

$$r = 0, \quad q = n \cdot 2\pi$$

Damit ist auch die zweite Gleichung erfüllt. Man erhält die Periode
$$p = 2\pi .$$

Analog verläuft die Ermittlung der Periode von $\sin z$.

10. Aufgabe :

Man löse die Gleichung

$$\sin z = \frac{3}{2} \quad .$$

Lösung :

Man benutzt die Zerlegung

$$\sin z = \sin x \cosh y + i \cos x \sinh y \ .$$

Aus Real- und Jmaginärteil erhält man folgende zwei Bestimmungsgleichungen für x und y :

(1) $$\cos x \sinh y = 0 \quad ,$$

(2) $$\sin x \cosh y = \frac{3}{2} \quad .$$

Da die Gleichung $\sin z = \frac{3}{2}$ bekanntermaßen keine reelle Lösung besitzt, folgt $y \neq 0$ und daraus wegen $\sinh y \neq 0$ in (1) $\cos x = 0$, d.h. $x = \pm \frac{2n+1}{2} \pi$. Aus der zweiten Gleichung erhält man die Einschränkung

$$x = \pm \frac{4n+1}{2} \pi \quad \text{und die Bedingung}$$

$$\cosh y = \frac{3}{2} \quad \curvearrowright \quad y \approx 0{,}965$$

Die (auf Grund der Periodizität von $\sin z$ unendlich vielen) Lösungen lauten :

$$z = \pm \frac{4n+1}{2} \pi + i \operatorname{arcosh} \frac{3}{2} \qquad n = 0,1,2,3,\ldots$$

$$\approx \pm \frac{4n+1}{2} \pi + i \cdot 0{,}962$$

11. Aufgabe :

Man leite den Zusammenhang zwischen $\tan\left(z + \frac{\pi}{2}\right)$ und $\cot z$ her.

Lösung :

$$\tan\left(z + \frac{\pi}{2}\right) = \frac{\sin\left(z + \frac{\pi}{2}\right)}{\cos\left(z + \frac{\pi}{2}\right)}$$

Mit Aufgabe 7 gilt, wenn man dort in das Ergebnis $-z$ statt z einsetzt:

$$\cos\left(z+\frac{\pi}{2}\right) = -\sin z \quad .$$

Analog erhält man

$$\sin\left(z+\frac{\pi}{2}\right) = \frac{e^{iz}e^{i\frac{\pi}{2}} - e^{-iz}e^{-i\frac{\pi}{2}}}{2i} = \frac{i(e^{iz}+e^{-iz})}{2i} = \cos z \quad .$$

Insgesamt folgt

$$\tan\left(z+\frac{\pi}{2}\right) = -\frac{\cos z}{\sin z} = -\cot z \quad .$$

12. Aufgabe :

Man berechne $|\sin z|$ und $|\cos z|$.

Lösung :

Mit Hilfe der Zerlegung von $\sin z$ und $\cos z$ in Real- und Imaginärteil aus Aufgabe 8 erhält man

$$\begin{aligned} |\sin z| &= \sqrt{\sin^2 x \cosh^2 y + \cos^2 x \sinh^2 y} \\ &= \sqrt{\sin^2 x(\cosh^2 y - \sinh^2 y) + \sinh^2 y} \qquad \text{wegen } \cos^2 x = 1-\sin^2 x \\ &= \sqrt{\sin^2 x + \sinh^2 y} \end{aligned}$$

ebenso :

$$\begin{aligned} |\cos z| &= \sqrt{\cos^2 x \cosh^2 y + \sin^2 x \sinh^2 y} \\ &= \sqrt{\cosh^2 y(\cos^2 x + \sin^2 x) - \sin^2 x} \qquad \text{wegen } \sinh^2 y = \cosh^2 y - 1 \\ &= \sqrt{\cosh^2 y - 1 + \cos^2 x} \\ &= \sqrt{\cos^2 x + \sinh^2 y} \end{aligned}$$

13. Aufgabe :

Man zerlege $\tan z$ in Real- und Imaginärteil .

Lösung :

$$\tan z = \frac{\sin x \cosh y + i\cos x \sinh y}{\cos x \cosh y - i \sin x \sinh y}$$

$$\tan z = \frac{(\sin x \cosh y + i \cos x \sinh y)(\cos x \cosh y + i \sin x \sinh y)}{\cos^2 x \cosh^2 y + \sin^2 x \sinh^2 y}$$

$$= \frac{\sin x \cos x \cosh^2 y - \sin x \cos x \sinh^2 y}{\cos^2 x + \sinh^2 y} + i \frac{\cos^2 x \sinh y \cosh y + \sin^2 x \sinh y \cosh y}{\cos^2 x + \sinh^2 y}$$

$$= \frac{\sin x \cos x}{\cos^2 x + \sinh^2 y} + i \frac{\sinh y \cdot \cosh y}{\cos^2 x + \sinh^2 y}$$

14. Aufgabe :

Man weise die in II. F. angegebenen Perioden und Nullstellen des Hyperbelsinus und Hyperbelcosinus nach.

Lösung :

Aus dem Ansatz für die Periode p :

$$\cosh z = \cosh(z + k \cdot p), \qquad \sinh z = \sinh(z + k \cdot p)$$

erhält man die Gleichungen

$$e^{z}(1 - e^{k \cdot p}) = \pm e^{-z}(1 - e^{-k \cdot p}).$$

Da diese für alle z erfüllt sein sollen, folgt

$$e^{k \cdot p} = e^{-k \cdot p} = 1$$

und somit

$$p = 2\pi i .$$

Die Periode des Hyperbelsinus und -Cosinus beträgt also $2\pi i$. Sie ist rein imaginär. Das bedeutet, daß die beiden Funktionen im Reellen nicht periodisch sind.

Die Nullstellen des Hyperbelsinus erhält man aus der Gleichung

$$e^{z} = e^{-z}$$

$$e^{x}(\cos y + i \sin y) = e^{-x}(\cos y - i \sin y)$$

$$\curvearrowright \quad z = \pm i n \pi, \qquad n = 0, 1, 2, \ldots$$

Hierbei ist $z = 0$ die einzige Nullstelle im Reellen.

Für Nullstellen des Hyperbelcosinus muß gelten :

$$e^{z} = -e^{-z}$$

$$e^{x}(\cos y + i \sin y) = e^{-x}(-\cos y + i \sin y)$$

$$\curvearrowright \quad z = \pm i \frac{2n+1}{2} \pi, \qquad n = 0, 1, 2, \ldots$$

Der Hyperbelcosinus hat also keine reelle Nullstelle.

15. Aufgabe :

Man leite das Additionstheorem der Sinus- und Cosinusfunktion im Komplexen her.

Lösung :

Benutzt werden Gleichung (1) und (2) aus II.5.

$$\cos(z_1+z_2) = \frac{e^{i(z_1+z_2)}+e^{-i(z_1+z_2)}}{2} = \frac{e^{iz_1}e^{iz_2}+e^{-iz_1}e^{-iz_2}}{2}$$

$$= \frac{(e^{iz_1}+e^{-iz_1})(e^{iz_2}+e^{-iz_2})}{4} + \frac{(e^{iz_1}-e^{-iz_1})(e^{iz_2}-e^{-iz_2})}{4}$$

$$= \cos z_1 \cos z_2 - \sin z_1 \sin z_2$$

$$\sin(z_1+z_2) = \frac{e^{i(z_1+z_2)}-e^{-i(z_1+z_2)}}{2i} = \frac{e^{iz_1}e^{iz_2}-e^{-iz_1}e^{-iz_2}}{2i}$$

$$= \frac{(e^{iz_1}-e^{-iz_1})(e^{iz_2}+e^{-iz_2})}{4i} + \frac{(e^{iz_1}+e^{-iz_1})(e^{iz_2}-e^{-iz_2})}{4i}$$

$$= \sin z_1 \cos z_2 + \cos z_1 \sin z_2$$

16. Aufgabe :

Unter Benutzung der 15. Aufgabe leite man das Additionstheorem der Tangensfunktion her.

Lösung :

$$\tan(z_1+z_2) = \frac{\sin(z_1+z_2)}{\cos(z_1+z_2)} = \frac{\sin z_1 \cos z_2 + \cos z_1 \sin z_2}{\cos z_1 \cos z_2 - \sin z_1 \sin z_2}$$

Erweitern des Bruches mit

$$\frac{1}{\cos z_1 \cdot \cos z_2}$$

ergibt :

$$\tan(z_1+z_2) = \frac{\frac{\sin z_1}{\cos z_1} + \frac{\sin z_2}{\cos z_2}}{1 - \frac{\sin z_1}{\cos z_1}\,\frac{\sin z_2}{\cos z_2}} = \frac{\tan z_1 + \tan z_2}{1 - \tan z_1 \cdot \tan z_2}$$

17. Aufgabe :

$$\ln z = 2 - i\,\frac{\pi}{3}$$

Wie heißt die Zahl z ?

Lösung :

Laut Gleichung (2) aus II.9. gilt

$$\ln z = \mathrm{lr}\, r + i\varphi \; .$$

Daraus folgt : $\mathrm{lr}\, r = 2 \longrightarrow r = 100$

$$\varphi = -\frac{\pi}{3}$$

$$z = 100\left(\frac{1}{2} - i\,\frac{\sqrt{3}}{2}\right) = 50\,(1 - i\sqrt{3})$$

18. Aufgabe :

a) $e^z = \dfrac{1+i}{2}$, b) $e^z = \sqrt{3} + i$

Wie lauten Real- und Jmaginärteil der Zahl z in beiden Fällen ?

Lösung :

a) $e^z = e^x(\cos y + i \sin y) = \dfrac{1+i}{2}$

Durch Vergleich von Real- und Jmaginärteil erhält man die beiden Gleichungen :

$$e^x \cos y = \frac{1}{2} , \qquad e^x \sin y = \frac{1}{2} \; .$$

Daraus folgt $\cos y = \sin y$

und somit $y = \dfrac{\pi}{4} \pm 2n\pi$, da $\cos y$ und $\sin y$ nicht negativ werden dürfen, damit die Ausgangsgleichungen erfüllt sind.

Setzt man diesen Wert für y in eine der beiden Gleichungen ein,

$$e^x\,\frac{\sqrt{2}}{2} = \frac{1}{2} ,$$

so erhält man daraus

$$e^x = \frac{1}{\sqrt{2}} ,$$

$$x = -\ln\sqrt{2} = -\frac{1}{2}\cdot\ln 2$$

b) Die Gleichung

$$e^z = e^x(\cos y + i\sin y) = \sqrt{3} + i$$

wird zerlegt in Real- und Jmaginärteil :

$$e^x\cos y = \sqrt{3}\,, \quad e^x\sin y = 1 \ .$$

Durch Division der Gleichungen erhält man

$$\tan y = \frac{1}{\sqrt{3}}\,, \quad \text{d.h.} \quad y = \frac{\pi}{6} \pm 2n\pi \ ,$$

da $\cos y$ und $\sin y$ nicht negativ werden dürfen, damit die Ausgangsgleichungen erfüllt sind.

Nun setzt man dieses Ergebnis in die erste Gleichung ein :

$$e^x\cdot\frac{\sqrt{3}}{2} = \sqrt{3}\,,$$

$$e^x = 2 \quad \curvearrowright \quad x = \ln 2 \ .$$

19. Aufgabe :

Wie heißen die Lösungen der Gleichung

$$\tan z = 2i \ ?$$

Lösung :

$$\tan z = \frac{\sin x\cos x}{\cos^2 x + \sinh^2 y} + i\,\frac{\sinh y\cosh y}{\cos^2 x + \sinh^2 y} \qquad \text{laut Aufgabe 13.}$$

Der Vergleich von Real- und Jmaginärteil ergibt :

$$\frac{\sin x\cos x}{\cos^2 x + \sinh^2 y} = 0 \quad \curvearrowright \quad x = \pm\frac{n\pi}{2}$$

$$\frac{\sinh y\cosh y}{\cos^2 x + \sinh^2 y} = 2$$

Benutzt man die Lösungen für x aus der ersten Gleichung in der zweiten Gleichung, so muß man zwei Fälle unterscheiden :

$$\cos x = 0 \quad \text{oder} \quad \cos x = \pm 1 \ .$$

Jm ersten Fall erhält man die Gleichung

$$\frac{\sinh y\cosh y}{\sinh^2 y} = \coth y = 2 \qquad \text{d.h.} \quad y \approx 0{,}55 \ .$$

Im zweiten Fall lautet die Gleichung :

$$\frac{\sinh y \cosh y}{1+\sinh^2 y} = \frac{\sinh y \cosh y}{\cosh^2 y} = \tanh y = 2 \quad .$$

Diese Gleichung besitzt aber keine Lösung .

Für die Lösung kommen also nur die x-Werte in Frage, für die $\cos x = 0$ ist .

Demnach lautet die Lösung der Ausgangsgleichung

$$\tan z = 2i \quad :$$

$$z = \pm \frac{(2n+1)\pi}{2} + i \operatorname{arcoth} 2 \quad .$$

20. Aufgabe :

Man drücke die Umkehrfunktionen

$$\operatorname{arsinh} z \, , \quad \operatorname{arcosh} z$$

durch den Logarithmus aus .

Lösung :

arsinh und sinh sind zugehörige Umkehrfunktionen, daher sind folgende beiden Gleichungen äquivalent (vgl. II.8.)

$$\xi = \operatorname{arsinh} z \quad \text{und} \quad z = \sinh \xi \quad .$$

Aus II.7. ist bekannt, daß

$$\sinh \xi = \frac{e^\xi - e^{-\xi}}{2} \qquad \text{ist} .$$

Diese Gleichung läßt sich nach ξ auflösen :

$$e^\xi - e^{-\xi} = 2z \qquad | \cdot e^\xi$$

$$(e^\xi)^2 - 2ze^\xi - 1 = 0$$

$$e^\xi = z \pm \sqrt{z^2+1}$$

$$\xi = \ln\left(z \pm \sqrt{z^2+1}\right)$$

Also : $\boxed{\operatorname{arsinh} z = \ln\left(z \pm \sqrt{z^2+1}\right)}$

Analog geht man vor bei arcoshz .

$$\xi = \operatorname{arcosh} z , \quad z = \cosh \xi = \frac{e^{\xi} + e^{-\xi}}{2}$$

$$e^{\xi} + e^{-\xi} = 2z$$

$$\longrightarrow (e^{\xi})^2 - 2ze^{\xi} + 1 = 0$$

$$e^{\xi} = z \pm \sqrt{z^2 - 1}$$

$$\boxed{\operatorname{ar\,cosh} z = \ln\left(z \pm \sqrt{z^2-1}\right)}$$

21. Aufgabe :

Man berechne artanh i .

Lösung :

artanh z wird zunächst durch den Logarithmus ausgedrückt, ähnlich wie in der 20. Aufgabe .
Danach wird $z = i$ eingesetzt .

$$\xi = \operatorname{artanh} z , \quad z = \tanh \xi = \frac{e^{\xi} - e^{-\xi}}{e^{\xi} + e^{-\xi}} .$$

Auflösen nach ξ :

$$(e^{\xi} + e^{-\xi}) z = e^{\xi} - e^{-\xi} \quad \Big| \cdot e^{\xi}$$

$$(e^{\xi})^2 (z-1) = -z-1$$

$$e^{2\xi} = \frac{1+z}{1-z}$$

$$2\xi = \ln \frac{1+z}{1-z}$$

$$\boxed{\operatorname{artanh} z = \frac{1}{2} \ln \frac{1+z}{1-z}}$$

Die Formel unterscheidet sich in ihrer äußeren Erscheinung nicht von der entsprechenden Formel im Reellen .
Für $z = i$ erhält man

$$\operatorname{artanh} i = \frac{1}{2} \ln \frac{1+i}{1-i} = \frac{1}{2} \ln \frac{2i}{2} = \frac{1}{2} \ln i$$

$$= \frac{1}{2}\left(\ln 1 + i\frac{\pi}{2}\right) = i\frac{\pi}{4} .$$

22. Aufgabe :

Man zerlege $\tanh z$ in Real- und Imaginärteil und bestätige anschließend noch einmal das Ergebnis der 21. Aufgabe .

Lösung :

Vergleicht man

$$\sin z = \frac{e^{iz}-e^{-iz}}{2i}, \qquad \sinh z = \frac{e^{z}-e^{-z}}{2}$$

und

$$\cos z = \frac{e^{iz}+e^{-iz}}{2}, \qquad \cosh z = \frac{e^{z}+e^{-z}}{2}$$

miteinander, so erhält man

$$\boxed{\begin{aligned} \sinh z &= -i \sin iz \\ \cosh z &= \cos iz \end{aligned}}$$

Also lautet die Zerlegung in Real- und Imaginärteil von $\sinh z$ und $\cosh z$ (vgl. 8. Aufgabe) :

$$\begin{aligned} \sinh z &= -i\,(\sin(-y)\cosh x + i\cos(-y)\sinh x) \\ &= -i\,(-\sin y\cosh x + i\cos y\sinh x) \\ &= \cos y\sinh x + i\sin y\cosh x \end{aligned}$$

$$\begin{aligned} \cosh z &= \cos(-y)\cosh x - i\sin(-y)\sinh x \\ &= \cos y\cosh x + i\sin y\sinh x \end{aligned}$$

Man erkennt, daß man die Additionstheoreme von $\sinh z$ und $\cosh z$ übernehmen kann, wobei man jeweils nur zu ersetzen hat :

$$\cosh iy = \cos y\,, \qquad \sinh iy = i\sin y\,.$$

$$\begin{aligned} \tanh z &= \frac{\sinh z}{\cosh z} = \frac{\cos y\sinh x + i\sin y\cosh x}{\cos y\cosh x + i\sin y\sinh x} \\ &= \frac{(\cos y\sinh x + i\sin y\cosh x)(\cos y\cosh x - i\sin y\sinh x)}{\cos^2 y\cosh^2 x + \sin^2 y\sinh^2 x} \\ &= \frac{\cos^2 y\sinh x\cosh x + \sin^2 y\sinh x\cosh x}{\cos^2 y + \sinh^2 x} + i\,\frac{\sin y\cos y\cosh^2 x - \sin y\cos y\sinh^2 x}{\cos^2 y + \sinh^2 x} \\ &= \frac{\sinh x\cosh x}{\cos^2 y + \sinh^2 x} + i\,\frac{\sin y\cos y}{\cos^2 y + \sinh^2 y} \end{aligned}$$

Die Berechnung von

$$\xi = \operatorname{artanh} i$$

entspricht der Lösung der Gleichung

$$\tanh \xi = i$$

Durch Vergleich von Real- und Imaginärteil erhält man die beiden Bedingungen : (vgl. 19. Aufgabe)

$$\frac{\sinh x \cosh x}{\cos^2 y + \sinh^2 x} = 0 \quad \curvearrowright \quad \sinh x = 0, \quad \text{d.h. } x = 0$$

$$\frac{\sin y \cos y}{\cos^2 y + \sinh^2 x} = 1 \quad \curvearrowright \quad \frac{\sin y \cos y}{\cos^2 y} = \tan y = 1$$

Die zweite Gleichung besitzt die Lösung $y = \frac{\pi}{4} \pm n\pi$, wobei die erste Lösung

$$y = \frac{\pi}{4}$$

der Hauptwert ist. Also :

$$\operatorname{artanh} i = i\,\frac{\pi}{4} \quad .$$

23. Aufgabe :

Man drücke $\arcsin z$ durch den Logarithmus aus und berechne auf diese Weise eine Lösung der Gleichung

$$\sin z = 2i \quad .$$

Lösung :

$$\xi = \arcsin z\,, \qquad z = \sin \xi = \frac{e^{i\xi} - e^{-i\xi}}{2i}$$

Auflösung nach ξ :

$$e^{i\xi} - e^{-i\xi} = 2iz \qquad \big|\cdot e^{i\xi}$$

$$(e^{i\xi})^2 - 2ize^{i\xi} - 1 = 0$$

$$e^{i\xi} = iz \pm \sqrt{-z^2+1}$$

$$i\xi = \ln(iz \pm \sqrt{1-z^2}$$

$$\xi = -i\ln(iz \pm \sqrt{1-z^2})$$

Also :

$$\boxed{\arcsin z = -i\ln(iz \pm \sqrt{1-z^2})}$$

Setzt man speziell für $z = 2i$ ein, so erhält man :

$$\arcsin 2i = -i\ln(-2 \pm \sqrt{1+4}) = -i\ln(-2 \pm \sqrt{5})$$

Für das obere Vorzeichen erhält man das Ergebnis $z \sim 1{,}444\,i$,
und für das untere Vorzeichen das Ergebnis $z = \pi - 1{,}444\,i$.

24. Aufgabe :

Man entwickle die Funktion

$$f(z) = \frac{z}{(z+i)^2}$$

in eine Laurentreihe um den Punkt $z = -i$.

Lösung :

Offenbar besitzt die Funktion einen Pol zweiter Ordnung an der Stelle $z = -i$.

Man macht also den Ansatz entsprechend (2) aus II.3.

$$f(z) = \frac{a_{-2}}{(z+i)^2} + \frac{a_{-1}}{z+i} + a_0 + a_1(z+i) + \;.\;.\;.\;.\;.$$

Durch Multiplikation mit $(z+1)^2$ erhält man die Gleichung (vgl. (3), II.3.) :

$$a_{-2} + a_{-1}(z+i) + a_0(z+i)^2 + a_1(z+i)^3 + \;.\;.\;.\;.\;. = z \quad .$$

Führt man nun zur Erleichterung des Koeffizientenvergleichs die Substitution (vgl. (4), II.3)

$$z + i \rightarrow z$$

durch , so erhält man

$$a_{-2} + a_{-1} \cdot z + a_0 \cdot z^2 + a_1 \cdot z^3 + \;.\;.\;.\;.\;. = z - i \quad .$$

Hierauf folgt sofort für die noch unbekannten Koeffizienten , daß alle a_ν mit $\nu \geq 0$ verschwinden und

$$a_{-2} = -i \; ,$$

$$a_{-1} = 1 \; .$$

Setzt man das Ergebnis in den Ansatz ein, so erhält man :

$$f(z) = \frac{z}{(z+i)^2} = -\frac{i}{(z+i)^2} + \frac{1}{z+i} \quad .$$

Jn diesem einfachen Fall läßt sich die Richtigkeit des Ergebnisses sofort nachprüfen , indem man die zwei Summanden zusammenfaßt :

$$-\frac{i}{(z+i)^2} + \frac{1}{z+i} = \frac{-i+z+i}{(z+i)^2} = \frac{z}{(z+i)^2}$$

25. Aufgabe :

Man bestimme die Entwicklung der Funktion

$$f(z) = \frac{z^2-(1+i)z+i}{z^3+z^2(i-2)+z(-2i+1)+i}$$

um den Punkt $z = 1$.

Lösung :

Um die Vielfachheit des Pols bei $z = 1$ feststellen zu können, muß man zunächst Nenner- und Zählerpolynom in Faktoren zerlegen, d.h. man muß ihre Nullstellen bestimmen.

Aus $z^2-(1+i)z+i = 0$

erhält man

$$z_{1/2} = \frac{1+i}{2} \pm \sqrt{\frac{(1+i)^2}{4} - \frac{4i}{4}} = \frac{1+i}{2} \pm \frac{1}{2}\sqrt{-2i}$$

$$= \frac{1+i}{2} \pm \frac{1-i}{2}$$

$$z_1 = 1 \, , \qquad z_2 = i \, .$$

Also erhält man für das Zählerpolynom die Faktorzerlegung

$$P(z) = z^2-(1+i)z+i = (z-1)\cdot(z-i).$$

Zur Auffindung der Nullstellen des Nennerpolynoms beachten wir die Regel (3) aus I.8., nach der das absolute Glied einer kubischen Gleichung gleich dem negativen Produkt ihrer Lösungen ist. Man wird daher untersuchen, ob $z_1 = -i$ eine solche Nullstelle ist . Dies bestätigt man leicht durch Einsetzen :

$$i - i + 2 - 2 - i + i = 0 \, .$$

Nun reduziert man die Gleichung mittels der gefundenen Nullstelle :

$$\left(z^3+z^2(i-2)+z(-2i+1)+i\right) : (z+i) = z^2-2z+1$$

$$\begin{array}{l} \underline{z^3+z^2\cdot i} \\ \qquad -2z^2+z(-2i+1) \\ \qquad \underline{-2z^2+z(-2i)} \\ \qquad\qquad z+i \end{array}$$

Jetzt erkennt man, daß $z = 1$ eine doppelte Nullstelle des

Nennerpolynoms ist.

Nun kann man auch den Nenner in Faktoren zerlegen:

$$Q(z) = z^3 + z^2(i-z) + z(-2i+1) + i = (z+i)\cdot(z-1)^2$$

Die gegebene Funktion läßt sich somit umformen in den Ausdruck (vgl (1), II.3.):

$$f(z) = \frac{(z-1)(z-i)}{(z+i)(z-1)^2} = \frac{z-i}{(z+i)(z-1)} .$$

Die Stelle $z = 1$ hat sich somit als einfacher Pol von $f(z)$ erwiesen.

Man macht den Ansatz

$$f(z) = \frac{a_{-1}}{z-1} + a_0 + a_1(z-1) + a_2(z-1)^2 + \ldots\ldots$$

und erhält daraus die Gleichung (vgl (3), II. 3.):

$$\left[a_{-1} + a_0(z-1) + a_1(z-1)^2 + a_2(z-1)^3 + \ldots\right](z+i) = z - i$$

Nun führt man die Transformation

$$z - 1 \longrightarrow z$$

durch und multipliziert anschließend gliedweise:

$$\left[a_{-1} + a_0 z + a_1 z^2 + a_2 z^3 + \ldots\right]\cdot(z+1+i) = z + 1 - i$$

$$(1+i)a_{-1} + z\left[a_{-1} + a_0(1+i)\right] + z^2\left[a_0 + a_1(1+i)\right] + \ldots\ldots = z + 1 - i$$

Der Koeffizientenvergleich ergibt:

$$(1+i)a_{-1} = 1 - i \quad \curvearrowright \quad a_{-1} = \frac{1-i}{1+i} = -i$$

$$a_{-1} + a_0(1+i) = 1 \quad \curvearrowright \quad a_0 = \frac{1+i}{1+i} = 1$$

$$a_0 + a_1(1+i) = 0 \quad \curvearrowright \quad a_1 = -\frac{a_0}{1+i} = \frac{-1}{1+i} = \frac{i-1}{2}$$

Die weiteren Gleichungen zur Bestimmung der Koeffizienten lauten analog zur dritten:

$$a_n + a_{n+1}(1+i) = 0 \quad \curvearrowright \quad a_{n+1} = -\frac{a_n}{1+i} = \frac{i-1}{2}a_n , \quad n \geq 0$$

Dies ist eine Rekursionsformel für die Koeffizienten, mit deren Hilfe man die Koeffizienten nacheinander bestimmen kann.

So erhält man z.B.

$$a_2 = \frac{i-1}{2} a_1 = \frac{(i-1)^2}{4} = -\frac{i}{2}$$

$$a_3 = \frac{i-1}{2} a_2 = \frac{1+i}{4}$$

Der Anfang der Reihenentwicklung der Funktion $f(z)$ um den Punkt $z = 1$ lautet also

$$f(z) = \frac{z^2-(1+i)z+i}{z^3+z^2(i-2)+z(-2i+1)+i} =$$

$$= -\frac{i}{z-1} + 1 + \frac{i-1}{2}(z-1) - \frac{i}{2}(z-1)^2 + \frac{1+i}{4}(z-1)^3 + \dots$$

G. Demmig

FUNKTIONEN MEHRERER VERÄNDERLICHER TEIL 1

3. Auflage 1993, DIN A 5, 148 Seiten, 35 Abbildungen, 61 Aufgaben

ISBN 3-921092-71-X DM 26,50

Das Repetitorium behandelt die Differentialrechnung, erweitert auf Funktionen mehrerer Veränderlicher unter besonderer Berücksichtung der Funktionen von zwei und drei Variablen.

Inhalt: Die partielle Ableitung – Differentiation nach einem Parameter – Die Taylorreihe – Das totale Differential – Differential höherer Ordnung – Die substantielle Änderung – Differentiation impliziter Funktionen – Auflösbarkeit impliziter Funktionen – Extremwerte von Funktionen zweier Veränderlicher – Ein Anwendungsbeispiel zur Extremwertberechnung – Partielle Differentiation bei Koordinatentransformation.

G. Demmig

FUNKTIONEN MEHRERER VERÄNDERLICHER TEIL 2

2. Auflage 1991, DIN A 5, 134 Seiten, 52 Abbildungen, 53 Aufgaben

ISBN 3-921092-68-X DM 24,50

Teil 2 des Repetitoriums ist der Integration von Funktionen mehrerer Veränderlicher gewidmet. Bei der Behandlung der Integralsätze werden Verbindungen zur Vektoranalysis aufgezeigt. Bei der Besprechung der Funktionaldeterminante im Zusammenhang mit Koordinatentransformationen bei Flächen- und Volumenintegralen klingen Beziehungen zur Differentialgeometrie und Matrizenrechnung an.

Inhalt: Das Integral eines totalen Differentials – allgemeine Wegintegrale – ebene Flächenintegrale – Oberflächenintegrale – Koordinatentransformation bei Flächenintegralen – Volumenintegrale – Koordinatentransformation bei Volumenintegralen – gekoppelte Mehrfachintegrale – Integralsätze – Differentiation eines Integrals – Substantielle Änderung eines Volumenintegrals.

Der Leser findet in diesen Bänden eine reiche Anzahl von Beispielen, Abbildungen und Aufgaben mit ausführlichem Lösungsgang, die das Verständnis erleichtern und die Anschaulichkeit erhöhen.

Bestellung bitte in Ihrer Buchhandlung abgeben oder, wo das nicht möglich ist, direkt einsenden an die Demmig Verlag KG, D-64569 Nauheim, Rüsselsheimer Str. 7

Hiermit bestelle ich aus dem Demmig Verlag, die unten aufgeführten Repetitorien. Die Preise dieser Liste sind nach dem Stand vom Mai 1995. Preiskorrekturen, die inzwischen eingetreten sind, erkenne ich an.

.... Expl.	Mengen und Zahlen	DM 22,50
.... Expl.	Vom Punkt zum Kreis	DM 22,50
.... Expl.	Kreis, Ellipse, Hyperbel, Parabel	DM 22,50
.... Expl.	Arithmetik und Algebra	DM 22,50
.... Expl.	Differentialrechnung	DM 26,50
.... Expl.	Integralrechnung	DM 26,50
.... Expl.	Differentialgleichungen	DM 26,50
.... Expl.	Funktionen mehrerer Veränderlicher, Teil 1	DM 26,50
.... Expl.	Funktionen mehrerer Veränderlicher, Teil 2	DM 24,50
.... Expl.	Vektorrechnung, Teil 1	DM 22,50
.... Expl.	Vektorrechnung, Teil 2	DM 22,50
.... Expl.	Komplexe Zahlen, Teil 1	DM 24,50
.... Expl.	Komplexe Zahlen, Teil 2	DM 22,50
.... Expl.	Matrizen und Determinanten	DM 26,50
.... Expl.	Fourierreihen	DM 24,50
.... Expl.	Fouriertransformation, – Integral	DM 26,50
.... Expl.	Statistik, Teil 1., Grundlagen	DM 24,50
.... Expl.	Statistik, Teil 2., Parameterschätzungen	DM 24,50
.... Expl.	Statistik, Teil 3., Testverfahren	DM 24,50
.... Expl.	Statistik, Teil 4., Regressionsrechnung	DM 24,50
.... Expl.	Aufgabensammlung, Mathematik, Teil 1	DM 24,50
.... Expl.	Aufgabensammlung, Mathematik, Teil 2	DM 26,50
.... Expl.	Über die Fermatsche Vermutung	DM 19,80
.... Expl.	Programmieren, Teil 1	DM 22,50
.... Expl.	Programmieren, Teil 2	DM 22,50
.... Expl.	Statik, Grundlagen	DM 22,50
.... Expl.	Elastizität und Festigkeit, Grundlagen	DM 22,50
.... Expl.	Dynamik, Grundlagen	DM 22,50
.... Expl.	Mechanik der Flüssigkeiten, Grundlagen	DM 24,50
.... Expl.	Schnittmethode	DM 26,50
.... Expl.	Statik starrer Körper	DM 32,00
.... Expl.	Festigkeitslehre	DM 32,00
.... Expl.	Dynamik des Massenpunktes	DM 22,50
.... Expl.	Dynamik des Massenkörpers	DM 22,50
.... Expl.	Das M-Theta-Verfahren	DM 32,00
.... Expl.	Geometrische Optik	DM 32,00
.... Expl.	Phys. Chem. Formelsammlung	DM 22,50

Absender:

Name, Vorname ....

Straße/Hausnummer ....

Postleitzahl/Ort ....

Datum .... Unterschrift ....

KZ 1

Demmig-Bücher sichern Grundlagen